經濟部技術處109年度專案計畫

2020資訊硬體產業年鑑

中華民國109年9月30日

序

　　2019 年美中貿易戰以關稅作為兩者制衡之手段，進而衍生至科技戰，美國禁止國內採購具國安疑慮之設備，並對華為實施出口禁令。美中貿易戰紛擾驅使臺灣資訊硬體產業調整全球供應鏈布局，從中國大陸作為單一的世界工廠，移轉為多個國家所形成的分散式、區域化生產體系，除避免被課徵高關稅外，也因應在地需求，提供貼近市場之解決方案。

　　2020 年疫情蔓延至全球，首當其衝的是中國大陸生產製造的停擺，此舉迫使資訊硬體供應鏈運作更加困難，而在 2019 年生產分散策略成為臺灣資訊硬體大廠的運作方針。美中貿易戰加上疫情斷鏈危機，資訊硬體產業鏈將從集中化往區域化移動，全球產業將朝向分散零組件來源，與鞏固供應鏈二大核心發展。此外，貿易戰逐漸轉向資訊戰，各國都積極投入資訊硬體產業的自主化，此舉也成為臺灣資訊硬體產業未來的機會與挑戰。

　　為協助我國產業界了解 2019 年全球資訊產品產業發展動態，並掌握關鍵趨勢的走向，在經濟部技術處 ITIS 計畫的支持下，由資策會產業情報研究所彙整編纂《2020 資訊硬體產業年鑑》，除詳實記載臺灣資訊硬體產業在 2019 年的發展成果，更進一步分析全球主要資訊市場的發展狀況、關鍵議題及新興應用產品的發展趨勢，提供產官學研各界完整而深入的資訊，以作為後續發展策略之參考依據。

　　感謝經濟部技術處與各研究機構的協助，致本年鑑順利付梓。期許《2020 資訊硬體產業年鑑》的出版，能幫助各界瞭解產業典範移轉過程的完整脈絡，對我國資訊硬體產業朝向數位轉型方向邁進有所助益。

財團法人資訊工業策進會　　執行長

中華民國109年8月

編者的話

　　《2020資訊硬體產業年鑑》收錄臺灣2019年資訊硬體產業現況與發展趨勢分析，邀請資訊硬體領域多位專業產業分析人員共同撰寫，內容彙集臺灣資訊硬體產業近期的總體環境變化、全球與各區域主要資訊硬體市場以及產業的發展現況，亦針對市場及產業的未來發展趨勢進行預測分析。期盼能提供給企業、政府，以及學術機構之決策和研究者，作為實用的參考書籍。

　　本年鑑以資訊硬體產業為研究主軸，主要探討四大類型產品包括桌上型電腦、筆記型電腦（含迷你筆記型電腦）、伺服器、主機板之發展現況與趨勢；另亦針對科技大趨勢下的重點議題進行探討，包括邊緣運算、智慧醫療、人工智慧、雲端應用等。本年鑑內容總共分為六章，茲將各篇章之內容重點分述如下：

第一章：總體經濟暨產業關聯指標。該章內容包含經濟重要統計指標以及資訊硬體產業重要統計數據，透過數據背後意義的闡述，使讀者能夠正確地掌握2019年資訊硬體產業總體環境現況。

第二章：資訊硬體產業總覽。該章概述全球與臺灣資訊硬體產業發展現況，包括整體產業產值、市場發展動態主要產品產銷表現及市場占有率等，讓讀者得以快速掌握資訊硬體產業發展脈動。

第三章：全球資訊硬體市場個論。該章內容係探討四大類型產品，包括全球與主要地區之個別產品市場規模等，以協助讀者掌握全球資訊硬體市場的發展脈動。

第四章：臺灣資訊硬體產業個論。該章內容係探討四大類型產品之臺灣發展現況與趨勢，包括主要產品產量與產值，產品規格型態變化等，以協助讀者掌握臺灣資訊硬體產業的發展脈動。

第五章：焦點議題探討。該章從邊緣運算、智慧醫療、人工智慧、雲端應用等新興議題，提供讀者相關分析及資訊產品情報。

第六章：未來展望。該章內容係分析全球與臺灣資訊硬體產業整體發展趨勢，包括市場規模、市場占有率及未來產值趨勢預測等，希望輔助讀者未雨綢繆以預先進行策略規劃的調整。

附　錄：內容收錄研究範疇與產品定義、資訊硬體產業重要大事紀，以及中英文專有名詞縮語／略語對照表，提供各界作為對照查詢與補充參考之用。

本年鑑感謝相關產業分析人員的全力配合以共同完成著作，使年鑑得以如期順利出版；惟內容涉及之產業範疇甚廣，若有疏漏或偏頗之處，懇請讀者不吝指教，俾使後續的年鑑內容更加適切與充實。

《2020資訊硬體產業年鑑》編纂小組　謹誌

中華民國109年8月

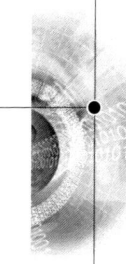

目 錄

第一章　總體經濟暨產業關聯指標 1
　　一、全球經濟重要指標 1
　　二、臺灣經濟重要指標 3

第二章　資訊硬體產業總覽 9
　　一、產業範疇定義 9
　　二、全球產業總覽 9
　　三、臺灣產業總覽 10

第三章　全球資訊硬體市場個論 19
　　一、全球桌上型電腦市場分析 19
　　二、全球筆記型電腦市場分析 25
　　三、全球伺服器市場分析 31
　　四、全球主機板市場分析 36

第四章　臺灣資訊硬體產業個論 43
　　一、臺灣桌上型電腦產業現況與發展趨勢分析 43
　　二、臺灣筆記型電腦產業現況與發展趨勢分析 48
　　三、臺灣伺服器產業現況與發展趨勢分析 53
　　四、臺灣主機板產業現況與發展趨勢分析 61

第五章　焦點議題探討 67
　　一、邊緣運算伺服器發展趨勢 67
　　二、智慧醫療 AI 疾病輔助檢測發展分析 85

三、人機互動應用「反璞歸真」 99
　　四、遊戲串流服務發展影響分析 106
第六章　未來展望 115
　　一、全球資訊硬體市場展望 115
　　二、臺灣資訊硬體產業展望 119
附錄 123
　　一、範疇定義 123
　　二、資訊硬體產業重要大事紀 125
　　三、中英文專有名詞縮語／略語對照表 127
　　四、參考資料 129

Table of Contents

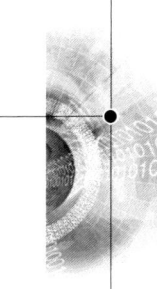

Chapter I Macroeconomic and Industrial Indicators	1
1. Global Economic Indicators	1
2. Taiwan Economic Indicator	3
Chapter II IT Hardware Industry Overview	9
1. Scope and Definitions	9
2. Global IT Industry	9
3. Taiwan's IT Industry	10
Chapter III Global IT Hardware Market Overview	19
1. Desktop PC Market Analysis	19
2. Notebook PC Market Analysis	25
3. Server Market Analysis	31
4. Motherboard Market Analysis	36
Chapter IV Taiwan IT Hardware Industry Overview	43
1. Desktop PC Industry Status and Development Trends	43
2. Notebook PC Industry Status and Development Trends	48
3. Server Industry Status and Development Trends	53
4. Motherboard Industry Status and Development Trends	61
Chapter V Key Issues and Highlights	67
1. Edging Computing Server Development Trends	67
2. The Use of AI-aided Diagnosis in Smart Medicine	85
3. Human-Machine Interface Designs Returning to Basic Needs	99
4. Game Live Streaming Service Development and Impact	106

Chapter VI　　Future Outlook 115
　　1. Global IT Hardware Market 115
　　2. Taiwan IT Hardware Market 119
Appendix 123
　　1. Scope and Definitions 123
　　2. IT Hardware Industry Milestones 125
　　3. List of Abbreviations 127
　　4. References 129

圖　目　錄

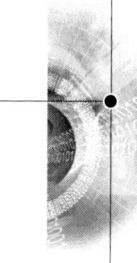

圖 2-1	2009-2019 年臺灣資訊硬體產業產值	11
圖 2-2	臺灣主要資訊硬體產品產值全球市場占有率	14
圖 2-3	臺灣資訊硬體產業出貨區域產值分析	15
圖 2-4	臺灣資訊硬體產業生產地產值分析	15
圖 2-5	2018-2024 年臺灣資訊硬體產業總產值之展望	16
圖 2-6	2018-2024 臺灣主要資訊硬體產品產值全球占有率長期展望	17
圖 3-1	2015-2019 年全球桌上型電腦市場規模	20
圖 3-2	2015-2019 年北美桌上型電腦市場規模	21
圖 3-3	2015-2019 年西歐桌上型電腦市場規模	22
圖 3-4	2015-2019 年日本桌上型電腦市場規模	23
圖 3-5	2015-2019 年亞洲桌上型電腦市場規模	24
圖 3-6	2015-2019 年其他地區桌上型電腦市場規模	25
圖 3-7	2015-2019 年全球筆記型電腦市場規模	26
圖 3-8	2015-2019 年北美筆記型電腦市場規模	27
圖 3-9	2015-2019 年西歐筆記型電腦市場規模	28
圖 3-10	2015-2019 年日本筆記型電腦市場規模	29
圖 3-11	2015-2019 年亞洲筆記型電腦市場規模	30
圖 3-12	2015-2019 年其他地區筆記型電腦市場規模	31
圖 3-13	2015-2019 年全球伺服器市場規模	32
圖 3-14	2015-2019 年北美伺服器市場規模	33

圖 3-15	2015-2019年西歐伺服器市場規模	34
圖 3-16	2015-2019年日本伺服器市場規模	34
圖 3-17	2015-2019年亞洲伺服器市場規模	35
圖 3-18	2015-2019年其他地區伺服器市場規模	36
圖 3-19	2015-2019年全球主機板市場規模	37
圖 3-20	2015-2019年北美主機板市場規模	38
圖 3-21	2015-2019年西歐主機板市場規模	39
圖 3-22	2015-2019年日本主機板市場規模	40
圖 3-23	2015-2019年亞洲主機板市場規模	41
圖 3-24	2015-2019年其他地區主機板市場規模	42
圖 4-1	2015-2019年臺灣桌上型電腦產業總產量	44
圖 4-2	2015-2019年臺灣桌上型電腦產業總產值	44
圖 4-3	2015-2019年臺灣桌上型電腦產業業務型態別產量比重	45
圖 4-4	2015-2019年臺灣桌上型電腦產業銷售地區別產量比重	46
圖 4-5	2015-2019年臺灣桌上型電腦產業中央處理器採用架構分析	47
圖 4-6	2015-2019年臺灣筆記型電腦產業總產量	49
圖 4-7	2015-2019年臺灣筆記型電腦產業總產值	49
圖 4-8	2015-2019年臺灣筆記型電腦產業業務型態別產量比重	50
圖 4-9	2015-2019年臺灣筆記型電腦產業銷售地區別產量比重	51
圖 4-10	2015-2019年臺灣筆記型電腦產業尺寸別產量比重	52
圖 4-11	2016-2019年臺灣筆記型電腦產業產品平台型態	53
圖 4-12	2015-2019年臺灣伺服器系統產業總產量	54
圖 4-13	2015-2019年臺灣伺服器主機板產業總產量	55
圖 4-14	2015-2019年臺灣伺服器系統產值與平均出貨價格	56
圖 4-15	2015-2019年臺灣伺服器主機板產值與平均出貨價格	56

圖目錄

圖 4-16	2015-2019 年臺灣伺服器系統產業業務型態別比重	57
圖 4-17	2015-2019 年臺灣伺服器系統產業銷售區域比重	58
圖 4-18	2015-2019 年臺灣伺服器系統產業外觀形式出貨分析	60
圖 4-19	2015-2019 年臺灣主機板產業總產量	62
圖 4-20	2015-2019 年臺灣主機板產業產值與平均出貨價格	62
圖 4-21	2015-2019 年臺灣主機板產業業務型態	63
圖 4-22	2015-2019 年臺灣主機板產業出貨地區別產量比重	64
圖 4-23	2015-2019 年臺灣主機板產業分析（處理器採用架構）	65
圖 5-1	邊緣運算一般架構與四個階層	69
圖 5-2	邊緣運算產品的七種功能介面	70
圖 5-3	全球 IoT 醫療產業之市場規模占比	86
圖 5-4	人體不同健康狀態下使用之產品與服務	87
圖 5-5	美國 FDA 核准之 AI 演算法醫療產品適用科別占比	88
圖 5-6	消費用 AI 人機介面市場區隔細緻化	100
圖 5-7	視障人士專用之 AI 人機介面裝置	101
圖 5-8	AI 人機介面應用於醫療照護領域	104
圖 5-9	AI 人機介面應用於緊急求救中心	105
圖 5-10	遊戲串流與影音串流之傳輸差異分析	109
圖 5-11	Google Stadia 遊戲串流服務平台之內外部影響分析	110

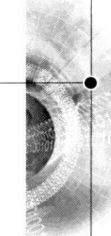

表 目 錄

表 1-1	2015-2020 年全球與主要地區經濟成長率	2
表 1-2	2015-2020 年主要國家與地區經濟成長率	2
表 1-3	2015-2020 年主要國家 CPI 變動率	3
表 1-4	臺灣經濟成長與物價變動	4
表 1-5	臺灣消費年增率	4
表 1-6	臺灣工業生產指數年增率	5
表 1-7	臺灣對主要貿易地區進口總額年增率	5
表 1-8	臺灣對主要貿易地區出口總額年增率	6
表 1-9	2019 年臺灣外銷訂單主要接單地區	6
表 1-10	2019 年臺灣外銷訂單主要接單貨品類別	7
表 1-11	臺灣核准華僑及外國人、對外、對中國大陸投資概況	7
表 1-12	臺灣貨幣、利率與匯率概況	8
表 1-13	臺灣勞動力與失業概況	8
表 2-1	2019 年臺灣主要資訊硬體產品產銷表現	12
表 5-1	邊緣運算伺服器產品發表企業	73
表 5-2	邊緣運算伺服器運算核心比較	75
表 5-3	邊緣運算伺服器系統環境比較	77
表 5-4	邊緣運算伺服器連結通訊比較	78
表 5-5	邊緣運算伺服器機體外型比較	80
表 5-6	國際業者輔助檢測相關布局整理	93
表 5-7	臺灣業者輔助檢測相關布局整理	97

第一章　總體經濟暨產業關聯指標

一、全球經濟重要指標

　　2019 年底 COVID-19 疫情自中國武漢開始向外蔓延，至 2020 年演變成全球疫情，為了有效控制疫情，各國相繼實施隔離、封鎖城市和關閉公共場所等措施，以防堵疫情擴大。然而，上述政策對於經濟活動產生嚴重的衝擊，IMF 即預估全球經濟成長將縮減 3%，此幅度比 2008 年金融危機更加劇烈。

　　由於疫情變化劇烈，難以捉摸 2020 年的經濟預測趨勢，包含了防控措施範疇調整、供應鏈波動的影響、各國消費模式轉變、人群互動程度降低等，這將帶來多種風險因子而且交互作用。另一方面，政府將不得不持續投入醫療支出，導致財務赤字表現。即使疫情結束，經濟復甦模型也難以預估。

　　目前，受到疫情影響的發達經濟體，例如澳洲、法國、德國、義大利、日本、西班牙、英國和美國等，皆實施了迅速且大規模的財政寬鬆刺激行動。此外，發展中經濟體，例如中國大陸、印尼、南非等，也開始提供或宣布，將對受到嚴重影響的部門和勞工，提供直接或間接的財務支援。上述各項財政刺激方案確實能夠防止企業與消費者信心下滑，進而避免全球經濟陷入更深層的衰退。

　　疫情的關鍵點在於各國的公共衛生管制措施，例如要求維持社交距離及戴口罩，並對邊境出入進行管控，藉此避免疫情捲土重來。由於各國的經濟活動皆高度全球化，疫情導致人流急速停滯，進而衍生出許多經濟衝擊，即使針對疫苗或藥物開發樂觀，未來或將面臨與過往不同的經濟交流模式，同時將帶來更多資訊產業的挑戰與機會。

表 1-1　2015-2020 年全球與主要地區經濟成長率

單位：%

地區	2015	2016	2017	2018	2019	2020（p）
全球（EIU）	3.4	3.2	3.7	3.6	3.4	-1.5
全球（IMF）	3.5	3.2	3.8	3.6	3.3	-3.0
先進開發國家	2.3	1.7	2.3	2.2	1.8	-6.1
歐元區	2.1	1.8	2.3	1.8	1.3	-7.5
新興與發展中國家	4.3	4.4	4.8	4.5	4.4	-1.0
獨立國協	-2.0	0.4	2.1	2.8	2.2	-5.5
亞洲開發中國家	6.8	6.5	6.5	6.4	6.3	1.0
歐洲開發中國家	4.7	3.2	5.8	3.6	0.8	-5.2
拉丁美洲和加勒比海	0.3	-0.6	1.3	1.0	1.4	-5.2
中東及北非	2.5	4.9	2.6	1.8	1.5	-3.3
撒哈拉以南非洲	3.4	1.4	2.8	3.0	3.5	-1.6
歐盟	2.4	2.0	2.7	2.2	1.6	-7.1

備註：各主要地區之經濟成長率係採 IMF 之資料
資料來源：IMF、EIU，資策會 MIC 經濟部 ITIS 研究團隊整理，2020 年 7 月

表 1-2　2015-2020 年主要國家與地區經濟成長率

單位：%

國家	2015	2016	2017	2018	2019	2020（p）
臺灣	0.8	1.4	2.9	2.6	2.5	-4.0
美國	2.9	1.5	2.3	2.9	2.3	-5.9
日本	1.4	0.9	1.7	0.8	1.0	-5.2
德國	1.5	1.9	2.5	1.5	0.8	-7.0
法國	1.1	1.2	1.8	1.5	1.3	-7.2
英國	2.3	1.9	1.8	1.4	1.2	-6.5
韓國	2.8	2.8	3.1	2.7	2.6	-1.2
新加坡	2.2	2.4	3.6	3.2	2.3	-3.5
香港	2.4	2.1	3.8	3.0	2.7	-4.8
中國大陸	6.9	6.7	6.9	6.6	6.3	1.2

備註：除臺灣數據為官方公布外，其餘各國數據係採 IMF 之資料
資料來源：IMF，資策會 MIC 經濟部 ITIS 研究團隊整理，2020 年 7 月

表 1-3　2015-2020 年主要國家 CPI 變動率

單位：%

國別／年	2015	2016	2017	2018	2019	2020（p）
美國	0.1	1.3	2.7	2.4	2.0	2.7
日本	0.8	-0.1	1.0	1.0	1.1	1.5
德國	0.1	0.4	2.0	1.9	1.3	1.7
法國	0.1	0.3	1.4	2.1	1.3	1.5
英國	0.1	0.6	2.5	2.5	1.8	2.0
韓國	0.7	1.0	1.8	1.5	1.4	1.6
新加坡	-0.5	-0.5	1.0	0.4	1.3	1.4
香港	3.0	2.5	2.6	2.4	2.4	2.5
中國大陸	1.4	2.0	2.4	2.1	2.3	2.5

資料來源：IMF，資策會 MIC 經濟部 ITIS 研究團隊整理，2020 年 7 月

二、臺灣經濟重要指標

臺灣疫情相對其他國家控管得宜，然而國際機構 IMF 下修臺灣 2020 年經濟成長率至-4%，2021 年則可望回升到 3.5%。主要是有三大悲觀因素，第一，即使臺灣政府紓困計畫從 600 億元增加至 1,500 億元，但紓困方案對經濟復甦幫助力道可能不強，疫情的影響還是高於紓困方案所帶來的功效。第二，臺灣與中國大陸及美國經濟連動很深，由於 IMF 預估美國 2020 年經濟成長-5.9%，中國大陸也下修到 1.2%，因此進而影響臺灣表現。第三，IMF 主要預估疫情短期內將無好轉趨勢，即使疫苗與相關藥品上市也對經濟助益有限。相較於 2008 金融危機後的經濟反彈，2021 的復甦幅度將較為緩慢。因此悲觀看待臺灣今年的經濟成長率。

另一方面，臺灣主計總處預估臺灣的經濟成長率由 2 月的 2.72% 下修為 2.37%，3 月下旬再調為 1.8%。此外，在中華經濟研究院最新的估計中，樂觀情況下臺灣的經濟長率為 1%；然而在悲觀的情況下，臺灣的經濟成長率為-2.5%。對於各機構預測臺灣經濟的共識，都與全球疫情控制息息相關，在控制成效上一旦出現意料之外的衝擊，臺灣的經濟成長幅度預估將會遭受連累而再度下修。

表 1-4　臺灣經濟成長與物價變動

年別	經濟成長率（GDP）（%）	國民生產毛額（GDP）（新臺幣百萬元）	平均每人 GDP（per capita GDP）（新臺幣元）	消費者物價上升率（%）	躉售物價上升率（%）
2015 年	0.81	16,770,671	714,774	-0.30	-8.85
2016 年	1.51	17,176,300	730,411	1.39	-2.98
2017 年	3.08	17,501,181	742,976	0.62	0.90
2018 年	2.63	17,777,003	754,027	1.35	3.63
2019 年	2.71	18,898,571	801,037	0.56	-2.27
2020 年（f）	2.37	19,576,645	829,262		
第 1 季（p）	1.80	4,697,120	198,998		
第 2 季（f）	2.50	4,787,219	202,809		
第 3 季（f）	2.75	4,961,853	210,185		
第 4 季（f）	2.40	5,130,453	217,270		

備註：（p）為初步統計數，（f）為預測數
資料來源：行政院主計總處，經濟部統計處，資策會 MIC 經濟部 ITIS 研究團隊整理，2020 年 7 月

表 1-5　臺灣消費年增率

單位：%

年別	民間消費實質成長率
2015 年	3.63
2016 年	1.74
2017 年	2.32
2018 年	2.29
2019 年	1.61

資料來源：行政院主計總處，資策會 MIC 經濟部 ITIS 研究團隊整理，2020 年 7 月

第一章　總體經濟暨產業關聯指標

表 1-6　臺灣工業生產指數年增率

基期=2011 年	工業生產指數合計（%）	礦業及土石採取業（%）	製造業（%）	電力燃氣業（%）	用水供應業（%）
2015 年	-1.28	-6.53	-1.16	-2.42	-2.28
2016 年	1.97	-9.67	1.91	3.43	0.50
2017 年	5.00	-2.00	5.27	2.22	1.30
2018 年	3.65	-3.65	3.93	0.39	0.09
2019 年	-0.35	-3.66	-0.45	1.14	0.36

資料來源：經濟部統計處，資策會 MIC 經濟部 ITIS 研究團隊整理，2020 年 7 月

表 1-7　臺灣對主要貿易地區進口總額年增率

單位：%

地區＼年別	2015 年	2016 年	2017 年	2018 年	2019 年
NAFTA	-3.2	-2.3	6.0	15.1	4.7
美國	-2.8	-2.1	5.7	14.8	5.2
加拿大	-12.7	-13.0	33.9	20.0	-7.9
亞洲地區	-11.3	1.3	11.1	9.4	0.3
日本	-7.4	4.5	3.3	5.2	-0.3
香港	-15.4	-9.4	13.6	-6.8	-24.6
中國大陸	-8.1	-2.8	13.8	7.5	6.7
南韓	-12.0	8.9	15.3	15.6	-9.2
東協	-16.4	-6.5	14.3	11.2	1.3
歐洲地區	-11.1	1.5	8.6	10.0	5.7
歐盟 28 國	-7.9	3.2	7.4	7.3	11.1
合計	-15.8	-2.8	12.4	10.4	0.3

資料來源：財政部統計處，資策會 MIC 經濟部 ITIS 研究團隊整理，2020 年 7 月

表 1-8　臺灣對主要貿易地區出口總額年增率

單位：%

年別 地區	2015 年	2016 年	2017 年	2018 年	2019 年
NAFTA	-1.1	-3.9	10.2	7.9	15.6
美國	-1.6	-3.0	10.2	7.4	17.1
加拿大	-3.8	-13.6	8.0	15.2	-6.2
亞洲地區	-11.4	-0.5	14.5	5.3	-3.7
日本	-2.7	-0.2	6.3	11.1	2.1
香港	-10.7	-1.9	7.4	0.9	-2.6
中國大陸	-13.4	0.6	20.4	8.7	-4.9
南韓	-0.8	-0.7	15.2	8.5	7.5
東協	-14.2	-0.7	14.2	-0.6	-7.2
歐洲地區	-10.8	1.0	11.2	8.3	-4.8
歐盟 28 國	-10.3	1.9	10.6	8.4	-5.2
合計	-10.9	-1.8	13.2	5.9	-1.4

資料來源：財政部統計處，資策會 MIC 經濟部 ITIS 研究團隊整理，2020 年 7 月

表 1-9　2019 年臺灣外銷訂單主要接單地區

主要地區	金額（億美元）	較上年增減（%）
總計	4,845.6	-5.3
中國大陸及香港	1,190.9	-8.6
美國	1,403.0	-4.1
歐洲	980.4	-2.6
東協	440.8	-9.4
日本	280.4	-5.4

備註：自 106 年 4 月起原東協六國改東協，包括新加坡、馬來西亞、菲律賓、泰國、印尼、越南、汶萊、寮國、緬甸及柬埔寨等十國。

資料來源：經濟部統計處，資策會 MIC 經濟部 ITIS 研究團隊整理，2020 年 7 月

表 1-10　2019 年臺灣外銷訂單主要接單貨品類別

主要類別	金額（億美元）	較上年增減（%）
資訊通信	1,448.0	-2.5
電子產品	1,288.7	-3.0
光學器材	255.9	-8.4
基本金屬	252.9	-14.6
塑橡膠製品	222.8	-9.8
化學品	202.3	-15.4
機械	200.0	-16.7
電機產品	191.3	-2.5
礦產品	135.6	-7.2
其餘貨品	678.0	-2.2

備註：精密儀器名稱變更為光學器材，鐘錶、樂器移至其餘貨品
資料來源：經濟部統計處，資策會 MIC 經濟部 ITIS 研究團隊整理，2020 年 7 月

表 1-11　臺灣核准華僑及外國人、對外、對中國大陸投資概況

年別	核准華僑及外國人投資（千美元） 總計	華僑	外國人	核准對外投資（千美元）金額	核准對中國大陸投資（千美元）金額
2015 年	4,796,847	14,844	4,782,003	10,745,195	10,965,485
2016 年	11,037,061	10,827	11,026,234	12,123,094	9,670,732
2017 年	7,513,192	9,400	7,503,791	11,573,208	9,248,862
2018 年	11,440,234	11,772	11,428,462	14,294,562	8,497,730
2019 年	11,195,975	38,754	11,157,221	6,851,155	4,173,090

備註：核准對中國大陸投資統計資料包含補辦許可案件之統計金額
資料來源：經濟部投資審議委員會，資策會 MIC 經濟部 ITIS 研究團隊整理，2020 年 7 月

表 1-12　臺灣貨幣、利率與匯率概況

年別	M1B 年增率（%）	M2 年增率（%）	放款與投資年增率（%）	利率（年率）重貼現率（%）	利率（年率）貨幣市場利率（%）	匯率（新臺幣／美元）
2015 年	6.10	6.34	4.61	1.625	0.58	31.89
2016 年	6.33	4.51	3.89	1.375	0.39	32.32
2017 年	4.65	3.75	4.82	1.375	0.44	30.44
2018 年	5.32	3.52	5.04	1.375	0.49	29.06
2019 年	7.15	3.46	4.94	1.375	0.55	30.93

資料來源：中央銀行，資策會 MIC 經濟部 ITIS 研究團隊整理，2020 年 7 月

表 1-13　臺灣勞動力與失業概況

年別	勞動力（千人）	勞動參與率（%）	就業者（千人）	失業者（千人）	失業率（%）
2015 年平均	11,638	58.65	11,198	440	3.78
2016 年平均	11,727	58.75	11,267	460	3.92
2017 年平均	11,795	58.83	11,352	443	3.76
2018 年平均	11,874	58.99	11,434	440	3.71
2019 年平均	11,946	59.17	11,500	446	3.73

資料來源：行政院主計總處，資策會 MIC 經濟部 ITIS 研究團隊整理，2020 年 7 月

第二章　資訊硬體產業總覽

一、產業範疇定義

　　本文中所提及之資訊硬體產業範疇，以資訊硬體終端產品及關鍵零組件為主，涵蓋四大產品包括：桌上型電腦、筆記型電腦（含迷你筆記型電腦）、伺服器、主機板等。

二、全球產業總覽

　　根據資策會 MIC 研究調查，2019 年全球主要資訊硬體產業產值為 171,161 百萬美元，相較 2018 年 172,652 百萬美元微幅衰退 0.9%。其中，美中貿易衝突持續影響全球資訊系統產業，在商用換機需求趨緩及全球經濟轉弱等多重因素下，2019 年全球主要資訊硬體產品如桌上型電腦、平板電腦產值均呈現衰退現象。

　　就個別產業而言，2019 年全球筆記型電腦產業雖面臨美中貿易戰與 Intel CPU 缺貨等不利因素干擾，但是 Windows 10 商用換機仍有需求。加上 Intel 與 NVIDIA 相繼推出新品，刺激消費需求，使得產值表現與 2018 年持平。桌上型電腦產業亦受美中貿易戰、英國脫歐及日本消費稅增加等因素影響，促使產值下滑。伺服器產業仍受惠於雲端應用資料中心建置商機，產值持續成長。

　　就品牌廠全球市占表現而言，前三大電腦品牌廠市占率持續提升，桌上型電腦前三大品牌廠（Lenovo、HP、DELL）合計市占率近六成，筆記型電腦前三大品牌廠（HP、Lenovo、DELL）市占率達 65%。在美中貿易戰關稅提升的影響下，使得桌上型電腦二、三線廠商經營挑戰加劇。

　　就供應鏈而言，美中貿易戰帶動全球資訊硬體產業供應鏈移轉。2019 年 5 月美國對中國大陸進口之桌上型電腦加徵關稅，促使系統

組裝業者將部分產線移出中國大陸地區生產，例如在墨西哥廠房組裝後再出口至美國。伺服器產業也面臨同樣挑戰，在資訊安全考量下，美國伺服器品牌商持續降低中國大陸生產製造伺服器的比重，以避免資安風險，但是中國大陸伺服器品牌商則持續提高中國大陸生產製造伺服器的比重，目的是強化伺服器產業鏈整合。

自美中貿易衝突以來，為避開美國對中國大陸出口產品的高關稅，部分資訊硬體廠商已陸續將生產據點分散至其他國家，如墨西哥、印度、越南、印尼等地。疫情爆發，進一步加速製造業去中心化的生產趨勢。為維持不間斷生產製造能力及符合資訊安全需求，未來資訊硬體產業將趨向全球區域化生產模式。

三、臺灣產業總覽

根據資策會MIC研究調查，2019年臺灣主要資訊硬體產業產值約為113,261百萬美元，相較前一年表現，成長幅度為2.2%。

分析產值成長的主要原因，雖然2019年上半年受到中美貿易衝擊，然而2019年下半年的回補效應發揮效益。進一步觀察各細項表現，桌上型電腦由於2019年商用機種出貨占比高，且新品以高階為主提升了產值。伺服器於2019年下半年適逢傳統出貨旺季，且資料中心市場持續刺激出貨，大幅提高了整體資訊硬體產業產值。主機板處理器新品效應，以及商用和電競桌機平均銷售價格較高而提高產值。

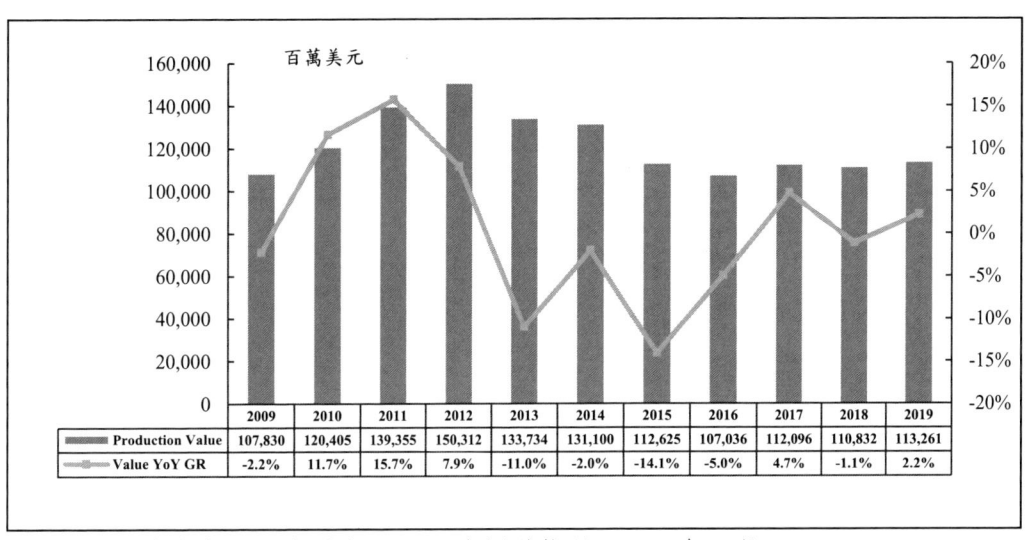

資料來源：資策會 MIC 經濟部 ITIS 研究團隊整理，2020 年 7 月

圖 2-1　2009-2019 年臺灣資訊硬體產業產值

　　回顧 2019 年臺灣主要資訊硬體產業產值表現，關於臺灣桌上型電腦產業，2019 年臺灣桌上型電腦產值約 13,224 百萬美元，年成長率約 2.0%。由於 2019 年第四季上市之 CPU 新品以高階產品為主，市場潛在客戶有限，較難拉抬臺灣業者整體 PC 出貨量。2019 年聲勢大漲的 AMD 於 11 月底推出第三代 Ryzen Threadripper 系列以及 Ryzen 9 系列之 7 nm 製程 CPU，Threadripper 系列包含 32 核心 64 執行緒的 3970X、24 核心 48 執行緒的 3960X；Ryzen 9 3950X 則擁有 16 核心 32 執行緒，超頻時脈可達 4.7GHz，鎖定高階電競玩家，也因此促進了產值表現。

　　關於臺灣筆記型電腦產業，2019 年臺灣筆記型電腦產值約 57,572 百萬美元，年成長率約 1.7%。在電競筆電成長力道逐漸轉小的情況下，PC 業者必須尋找其他具有潛力的應用。現今數位內容創作風氣興盛，YouTuber、直播主，以及各種專業影像工作者數量增加，創作者成為筆電市場欲搶攻的客群，成為產值成長的主力之一。

　　關於臺灣伺服器產業，2019 年臺灣伺服器產值約 12,558 百萬美元，年成長率約 5.6%。資料中心持續推動伺服器出貨表現，尤其是

北美三大業者 AWS、Azure、GCP 與中國大陸的百度雲、騰訊雲、阿里雲。值得注意的是，中國大陸廠商字節跳動因旗下的應用服務抖音 TikTok 迅速拓展市場，進而提高了自家雲端資源的擴建幅度，成為中國大陸極具影響力的資料中心業者之一。

關於臺灣主機板產業，2019 年臺灣主機板產值約 1,744 百萬美元，年成長率約 6.9%。GPU 新品有助刺激 2019 年下半年消費者購買意願，然而在 PC DIY 用戶持續減少，以及行動裝置產品廣獲消費者喜愛的趨勢下，主機板銷售日漸萎縮，但 2019 年 Win 10 商用換機潮有助減緩其衰退幅度。另一個有助主機板銷售因素為新品效應，其中 GPU 領導者 NVIDIA 和 AMD 在 2019 年有不少新品上市，下半年 NVIDIA 上市新品有 RTX 20 Super 系列顯示卡，含 RTX 2080 Super、RTX 2070 Super、RTX 2060 Super 等；AMD 方面則推出 RX 5700 XT 50 週年紀念版、RX 5700 XT 以及 RX 5700，另外亦發售 Ryzen 3000 系列處理器搶攻電競市場。

表 2-1　2019 年臺灣主要資訊硬體產品產銷表現

產品類別	2019產值（百萬美元）	2019／2018產值成長率	2019產量（千台）	2019／2018產量成長率
筆記型電腦	57,572	1.7%	129,198	2.4%
桌上型電腦	13,224	2.0%	49,792	0.5%
主機板	1,744	6.9%	81,970	-0.5%
伺服器	12,558	5.6%	4,311	3.1%

註 1：筆記型電腦產銷數據包含主流筆記型電腦與迷你筆記型電腦等產品型態
註 2：主機板產銷數據包含純主機板、準系統及全系統等出貨型態
註 3：伺服器產銷數據包含準系統及全系統等出貨型態，未包含純主機板出貨型態
資料來源：資策會 MIC 經濟部 ITIS 研究團隊整理，2020 年 7 月

觀察 2019 年資訊硬體產值全球市占率，桌上型電腦從 29.3%提升為 30.7%、筆記型電腦從 78.7%提升為 80.0%、伺服器從 19.8%提升為 20.7%、主機板從 84.8%提升為 91.7%。

比較產值市占率消長變化驅動，2019 年 DT 出貨比重成長動能除了歸功於 Win 10 商用換機潮外，2019 年中的 Computex 開始，CPU、GPU 大廠結合 PC 業者力推 PC 新話題「創作者（Creator）市場」，瞄準高規格電腦需求而非電競遊戲的使用者，包含需要專業美工、影片剪輯、影音內容創作，甚至與需要高階效能的工作站（Workstation）使用者亦有所重疊，此舉為原本逐漸飽和的電競市場開拓新局面，亦使前三大 PC 品牌市占率提升，連帶促進臺灣代工業者出貨表現。

筆記型電腦比重上升主要是商用換機潮，尤其是品牌廠 HP 與 Dell 帶動臺灣出貨表現。此外，伺服器產業比重上升主要是因為雖然資料中心市場持續刺激臺灣出貨表現，然而中國大陸市場仍以本土品牌為主，因此整體變化不高。

伺服器比重上升的原因來自於資料中心客戶拉貨，例如 AWS、Azure、GCP、Facebook 等，過往多是出貨給品牌業者後再交貨給資料中心，現改為臺灣直接出貨給資料中心，相較過往模式獲利更高，進而提升了臺灣伺服器產值表現。

主機板產業比重上升主要是因為 Microsoft 公布 Windows 7 在 2020 年 1 月 14 日停止安全性更新，故 2019 年主機板仍能受惠於 Windows 10 商用換機潮的需求。關鍵晶片部分，Intel 在 2018 年及 2019 年皆相繼發生 14 nm CPU 供貨緊縮事件，再加上 AMD 於 2019 年推出 7 nm 工藝打造的第三代 Ryzen、Ryzen Threadripper CPU 以及 RX5700XT 顯示卡，瓜分原本 Intel 用戶客群，吸引一部分 PC DIY 用戶轉而選擇 AMD 產品。新品方面，NVIDIA 與 AMD 分別在 2019 年第三季推出 GPU 顯示晶片產品，NVIDIA 推出 RTX SUPER 系列顯示晶片，包含 RTX2060 SUPER、RTX2070 SUPER 以及 RTX2080 SUPER，採用 12 nm 製程技術、CUDA Cores 數量與基本時脈皆升級；同時，AMD 亦推出新款顯示晶片 Radeon RX5700 XT 與 RX5700 應戰，採用 7 nm 製程技術、RDNA 架構以及支持 PCIe 4.0，新品推出讓 2019 年下半年的主機板以及 PC DIY 市場的消費意願提升。

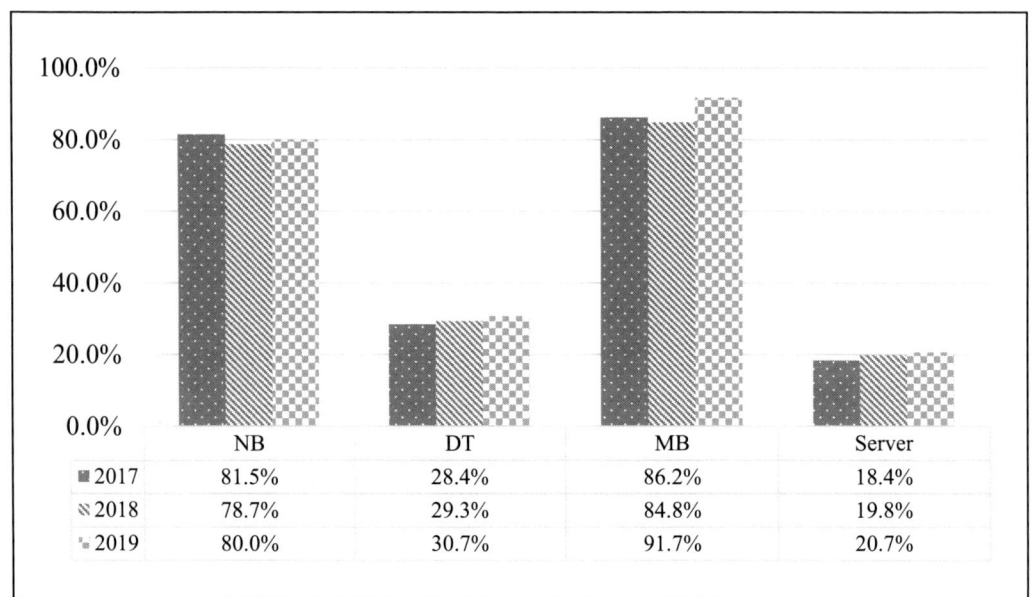

註1：筆記型電腦產銷數據包含主流筆記型電腦與迷你筆記型電腦等產品型態
註2：主機板產銷數據包含純主機板、準系統及全系統等出貨型態
註3：伺服器產銷數據包含準系統及全系統等出貨型態，未包含純主機板出貨型態
資料來源：資策會MIC經濟部ITIS研究團隊整理，2020年7月

圖2-2　臺灣主要資訊硬體產品產值全球市場占有率

　　從出貨地區觀察，北美出貨區域產值仍居首位，從2018年的34.4%提升至2019年的36.4%。位居次位為西歐，從2018年的24.2%下滑至23.7%。兩者位居全球比重從2018年的58.6%微幅提升到60.1%。亞太地區從2018年的14%下滑至12.7%。另外，中國大陸從2018年的15.1%微幅成長至15.2%。

　　從生產製造據點觀察，位居首位的為中國大陸，比重下降了1.3%至89.1%，而臺灣比重從0.4%提升至0.7%。主因為中美貿易摩擦致使風險提高，導致生產據點從中國大陸外移，加上臺灣回流優惠政策奏效所致。

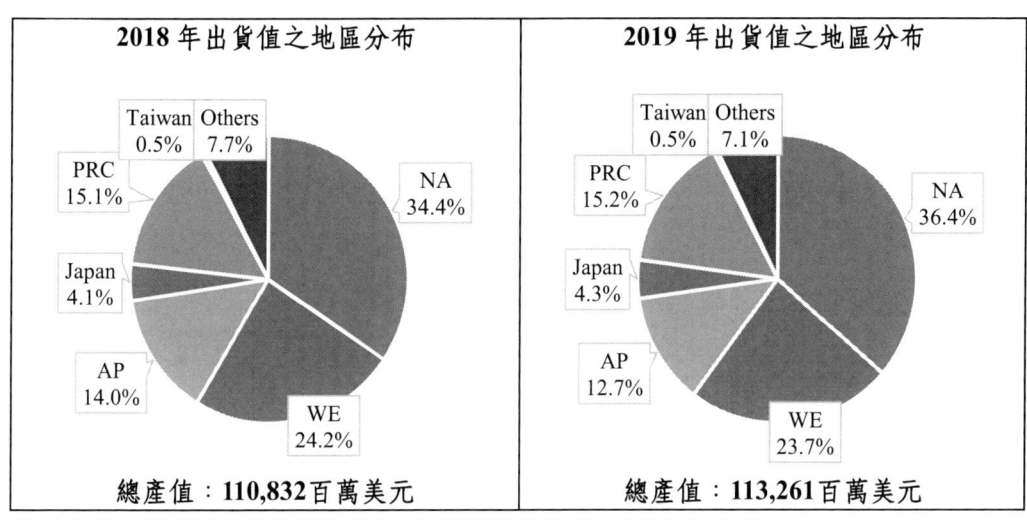

資料來源：資策會MIC 經濟部ITIS研究團隊整理，2020年7月

圖2-3　臺灣資訊硬體產業出貨區域產值分析

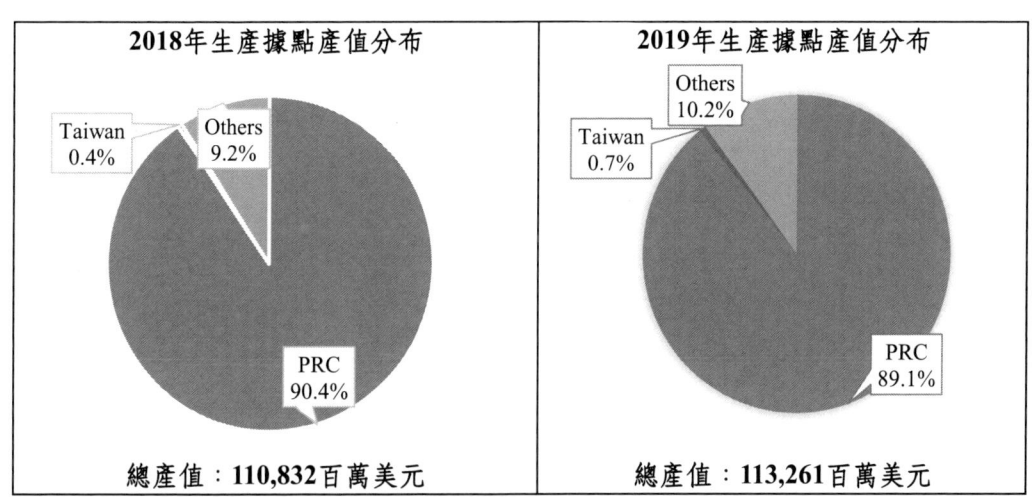

資料來源：資策會MIC 經濟部ITIS研究團隊整理，2020年7月

圖2-4　臺灣資訊硬體產業生產地產值分析

預估2020年臺灣資訊硬體產業產值將達104,957百萬美元左右，成長率-7.3%。衰退主因為COVID-19疫情所致，同步衝擊資訊硬體產業之供給端與需求端。供給端方面，一開始的中國大陸封城造成供應鏈瞬間停擺，即使中國大陸疫情緩和而復工，其他國家例如新加坡、菲律賓、越南等，相繼封閉式管理也造成整體產業鏈效率低落。需求端方面，由於封城造成各行各業的經濟損失，導致企業與民眾同步降低消費力。預估2021年因疫情逐漸改善而迎來反彈性的成長，但整體而言仍視疫情趨勢走向而定。

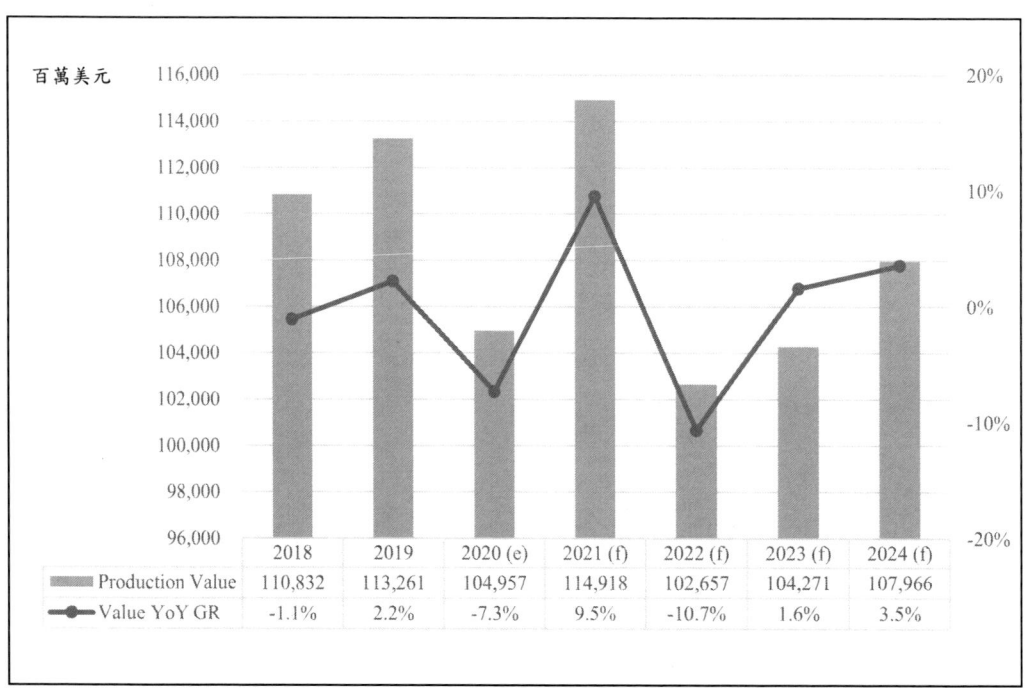

資料來源：資策會MIC 經濟部ITIS 研究團隊整理，2020年7月

圖2-5　2018-2024年臺灣資訊硬體產業總產值之展望

第二章 資訊硬體產業總覽

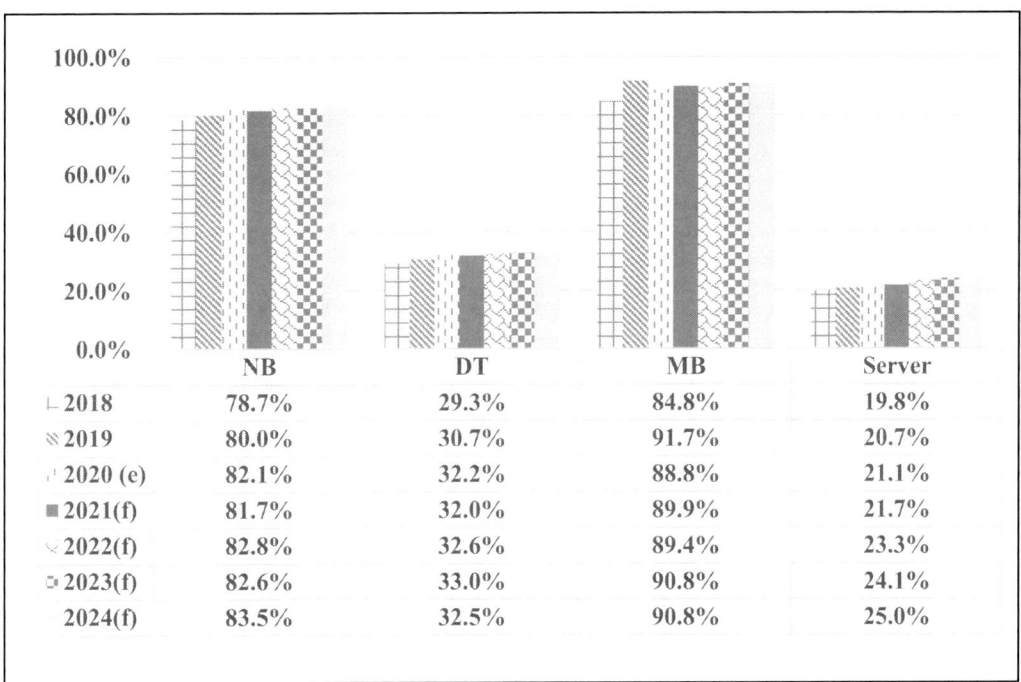

註1：筆記型電腦產銷數據包含主流筆記型電腦與迷你筆記型電腦等產品型態
註2：主機板產銷數據包含純主機板、準系統及全系統等出貨型態
註3：伺服器產銷數據包含準系統及全系統等出貨型態，未包含純主機板出貨型態
資料來源：資策會MIC經濟部ITIS研究團隊整理，2020年7月

圖2-6 2018-2024臺灣主要資訊硬體產品產值全球占有率長期展望

第三章　全球資訊硬體市場個論

一、全球桌上型電腦市場分析

　　2019 年全球桌上型電腦市場規模約 9,380 萬台，年成長率 -3.2%。Microsoft 已於 2020 年 1 月 14 日終止對 Windows 7 的支援，因此商用換機潮可謂是 2019 年度出貨主要動力，高達 70.5% 比例屬於商用客群市場。另一方面，Intel 14 nm CPU 在 2019 年下半年的缺貨問題持續影響下游品牌廠商的出貨，其實 Intel CPU 供貨不足從 2018 下半年即已浮現，但事隔一年仍未見改善，2019 年第四季再度衝擊全球 PC 出貨。再加上遇到年底銷售旺季與 2020 年 1 月 Windows 7 停止服務的期間，對國際電腦大廠造成不小影響，亦導致電腦生產無法回應市場需求。

　　電競與創作者（Creator）應用為 2019 年度的重點項目，首先在電競議題方面，NVIDIA Turing 架構中階顯示卡於 2019 年第一季上市，PC 業者因而趁勢推出系列桌機新品。另一方面，AMD Zen2 架構處理器與 Radeon 5700 系列顯示卡則於 2019 年中上市，除領先業界採用 7 nm 製程外，AMD 本次使用新架構，推動產品往高階方向布局。其次，2019 年中的 Computex 開始，CPU、GPU 大廠結合 PC 業者力推 PC 新話題「創作者市場」，瞄準高規格電腦需求而非電競遊戲的使用者，包含需要專業美工、影片剪輯、影音內容創作，甚至與需要高階效能的工作站（Workstation）使用者亦有所重疊，此舉為近年趨於飽和的電競市場開拓新局面。

　　國際政經局勢方面，桌機出現多項不利之因素，包含受美中貿易戰、英國脫歐、日本消費稅增加等影響，其中又以美中貿易戰的衝擊最為深遠。2019 年 5 月美國對中國大陸進口桌機課徵 25% 懲罰性關稅，促使 PC 供應鏈業者移往非中國大陸地區生產，經由在墨西哥與泰國的廠房組裝桌機後再出貨至美國。有鑑於以上負面因素，即使有 Win10 商用換機與新品效應的加持，2019 年整體桌機出貨表現仍遜於 2018 年。

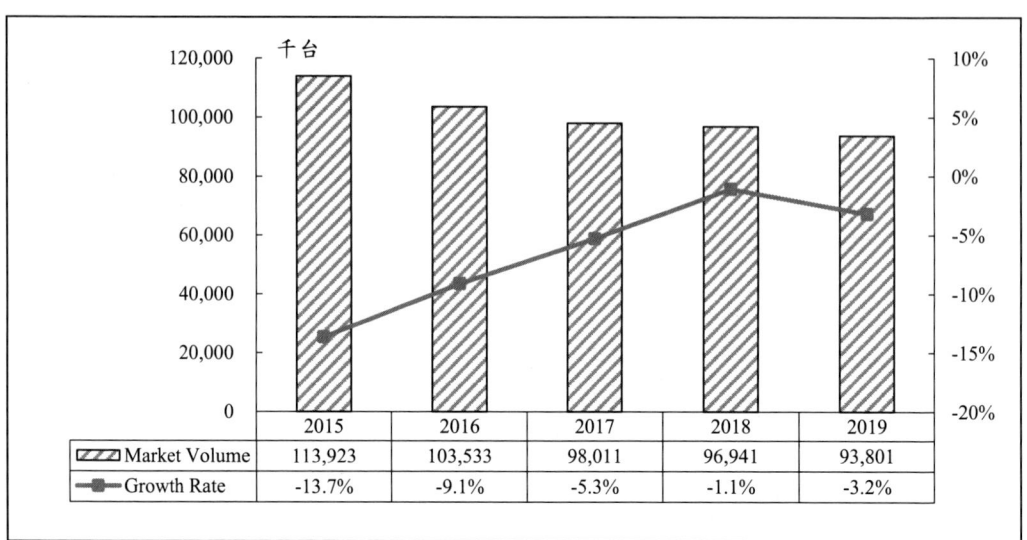

資料來源：資策會 MIC 經濟部 ITIS 研究團隊，2020 年 7 月

圖 3-1　2015-2019 年全球桌上型電腦市場規模

　　美國 2019 年經濟表現略低於 2018 年，造成經濟不安定的原因為美中貿易戰的升溫不利於製造業與企業投資活動、以及聯準會（Fed）三度各降息一碼以抵銷負面衝擊等因素。2019 年 5 月美國對中國大陸商品輸美課徵的關稅從 10%上調至 25%，影響範圍包括桌機、主機板等產品的銷售毛利，此舉促使 PC 供應鏈業者紛紛將部份機種的組裝移往非中國大陸地區生產，而產線轉移的過程，導致生產成本增加進而影響產品銷售價格，以致消費者購買意願因此下滑。

　　2019 年北美桌上型電腦市場規模約 1,737 萬台，較 2017 年衰退 1.5%，不過表現仍優於全球桌上型電腦市場成長率。Intel 14 nm 處理器在 2019 下半年的缺貨問題持續影響下游品牌廠商的出貨，其實 Intel 處理器供貨不足從 2018 下半年即已浮現，但事隔一年仍未見改善，2019 年第四季再度衝擊全球 PC 出貨。所幸臺灣代工業者主要客戶是 HP、Dell 等大型品牌商，取得處理器的順位較小型 PC 品牌商優先，因而使臺灣廠商的出貨表現不至於衰退過多。

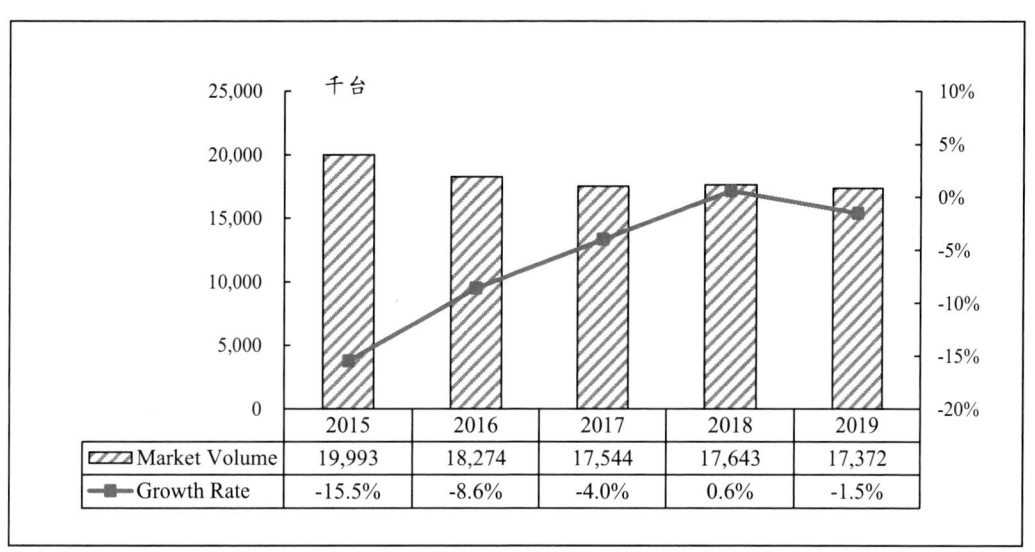

	2015	2016	2017	2018	2019
Market Volume	19,993	18,274	17,544	17,643	17,372
Growth Rate	-15.5%	-8.6%	-4.0%	0.6%	-1.5%

資料來源：資策會 MIC 經濟部 ITIS 研究團隊，2020 年 7 月

圖 3-2　2015-2019 年北美桌上型電腦市場規模

　　西歐國家 2019 年經濟成長率低於 2018 年，主要原因是出口需求及供給面的不利影響交互作用下，出口需求自 2018 年下半年起疲弱，受到中國大陸、土耳其、英國等景氣減緩以及貿易保護主義興起的不利因素，所幸 2019 年仍有商用換機潮的支撐，得以減緩衰退幅度，西歐 2019 年桌上型電腦市場規模約 807 萬台，較 2018 年衰退 2.1%。

　　觀察西歐國家 2019 年重大事件，以英國脫歐影響最劇，原定英國脫離歐盟的日期是 2019 年 3 月 29 日，但後來卻接連推遲兩次，最後確定於 2020 年 1 月 31 日正式退出歐盟，期間因企業及民間面對未來的不確定性，致使 2019 年投資與消費力道偏向保守。

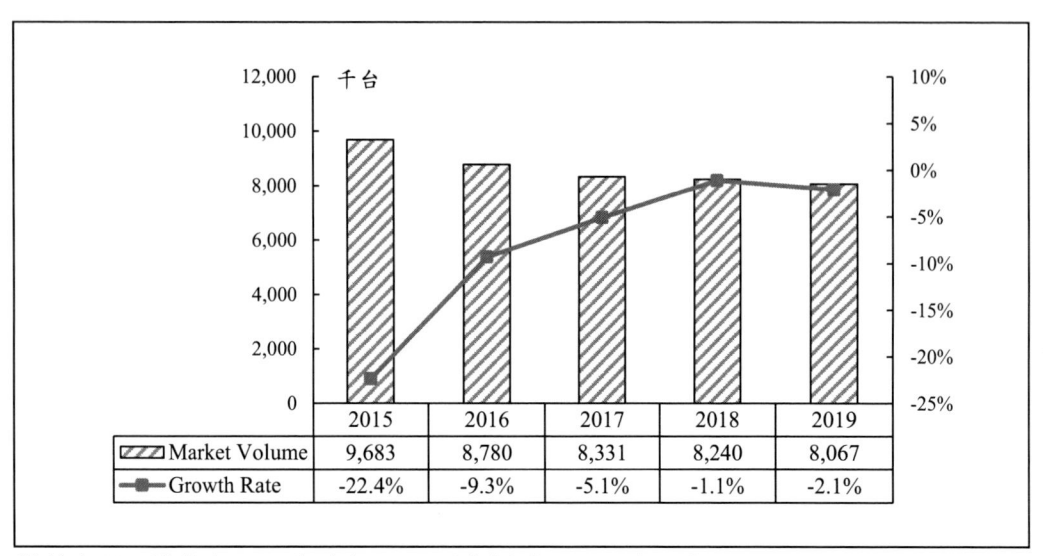

	2015	2016	2017	2018	2019
Market Volume	9,683	8,780	8,331	8,240	8,067
Growth Rate	-22.4%	-9.3%	-5.1%	-1.1%	-2.1%

資料來源：資策會 MIC 經濟部 ITIS 研究團隊，2020 年 7 月

圖 3-3　2015-2019 年西歐桌上型電腦市場規模

　　日本地區 2019 年經濟表現穩健，據 IMF 統計資料顯示，日本 2019 年 GDP 表現與 2018 年近乎持平。桌上型電腦整體出貨規模約 265 萬台，相較於 2018 年成長 4.5%。受惠於商用換機的支持，東京奧運掀起購機潮以及日本 10 月消費稅增加等有利因素，刺激消費者購買力。

　　由於日本地狹人稠，辦公室及居家空間較小，不占空間且可同時做為電視使用的一體成型電腦（All-in-One PC, AIO PC），以及小升數的 Mini PC 受到日本消費者青睞，大升數 PC 在日本市場需求呈現逐年衰退中。

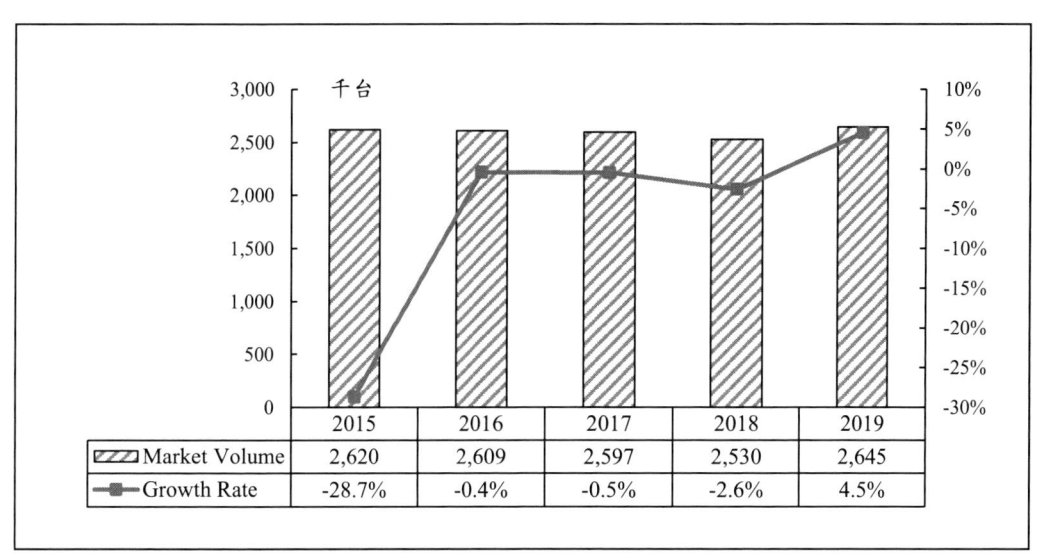

	2015	2016	2017	2018	2019
Market Volume	2,620	2,609	2,597	2,530	2,645
Growth Rate	-28.7%	-0.4%	-0.5%	-2.6%	4.5%

資料來源：資策會 MIC 經濟部 ITIS 研究團隊，2020 年 7 月

圖 3-4　2015-2019 年日本桌上型電腦市場規模

亞洲之新興市場是桌機最大宗出貨地區，占比約達 46.9%，不過因經濟成長趨緩、市場換機需求拉長，造成需求減弱。2019 年深受美中貿易戰的影響，因美方對中國大陸商品輸美關稅上調至 25%，影響範圍包括桌機、主機板等產品，促使 PC 供應鏈業者紛紛將組裝工廠移往非中國大陸地區生產，產線轉移的過程，勢必拉升生產成本而間接影響產品銷售價格，連帶讓亞洲之新興市場桌機需求表現下滑。

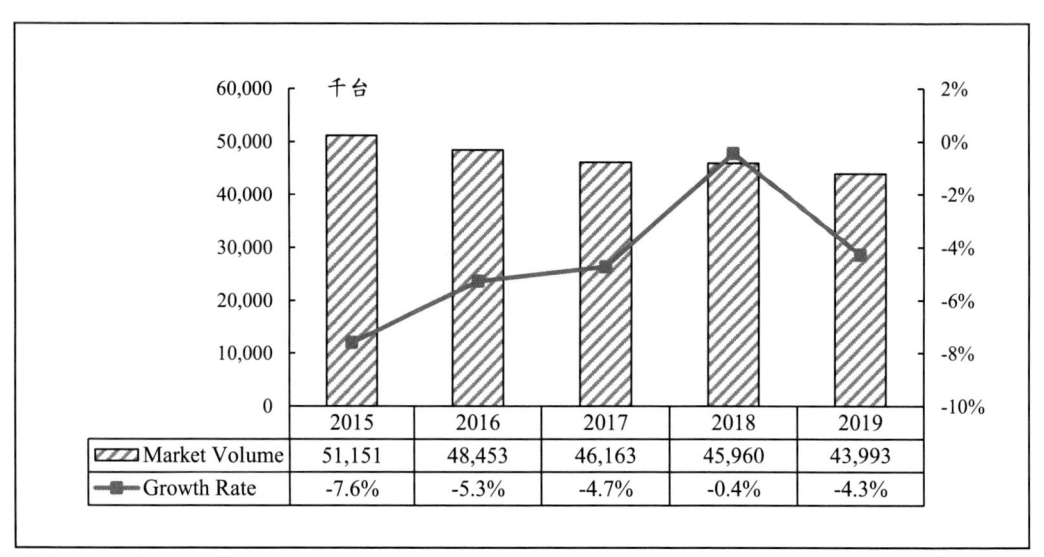

	2015	2016	2017	2018	2019
Market Volume	51,151	48,453	46,163	45,960	43,993
Growth Rate	-7.6%	-5.3%	-4.7%	-0.4%	-4.3%

備註：統計範圍不包括日本
資料來源：資策會MIC 經濟部ITIS 研究團隊，2020 年7 月

圖 3-5　2015-2019 年亞洲桌上型電腦市場規模

其他區域市場包含南美洲、中東等地區，多為發展中新興市場，桌上型電腦雖相對受到消費者青睞，亦面臨筆記型電腦及其他行動裝置的競爭。2019 年受石油經濟衰退、中東地區內亂等不利因素，影響經濟表現。其次，2019 年 Intel 處理器缺貨問題以中低階處理器不足的情況最為明顯，而此地區又以中低階產品為主要需求，衝擊2019 年出貨表現。整體而言，2019 年其他地區桌上型電腦市場規模約 2,172 萬台，年成長率約-3.7%。

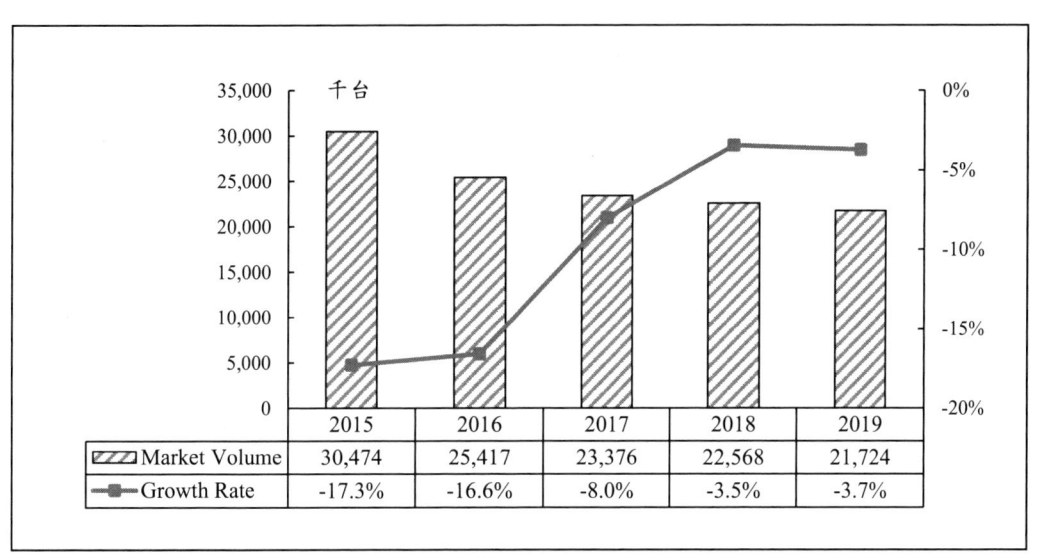

	2015	2016	2017	2018	2019
Market Volume	30,474	25,417	23,376	22,568	21,724
Growth Rate	-17.3%	-16.6%	-8.0%	-3.5%	-3.7%

資料來源：資策會 MIC 經濟部 ITIS 研究團隊，2020 年 7 月

圖 3-6　2015-2019 年其他地區桌上型電腦市場規模

二、全球筆記型電腦市場分析

　　全球筆記型電腦市場規模在 2019 年達 16,089 萬台，相較 2018 年僅微幅成長 0.4%，占全球傳統個人電腦市場（不含平板電腦）比重約 63%。2019 年全球筆電市場受美中貿易戰與 Intel CPU 缺貨等不利因素影響，成長力道受到抑制，但在 Win 10 商用換機需求，以及 2019 下半年美國並未對筆電課徵懲罰性關稅的利多作用之下，最終 2019 年筆電市場未出現衰退。

　　2019 上半年影響出貨的最大的變數是美中貿易戰，美國 5 月將中國大陸進口之桌上型電腦、主機板（PCBA）等產品關稅由 10%提高至 25%，並且宣稱若與中國大陸談判未有進展，9 月亦將對筆電課徵關稅，因此導致 PC 業者提高北美區庫存水位。此外，AMD 第二季時推出 Ryzen 7 Pro 3700U、Ryzen 5 Pro 3500U、Ryzen 3 Pro 3300U 以及 Athlon Pro 300U，欲擴大在筆電市場之市占率。整體來看，2019 年第二季全球筆電市場 YoY 達 5.4%，以貿易戰為最大主因。

2019下半年美中貿易戰緩和，美國於8月份宣布暫緩9月份對筆電課徵懲罰性關稅的計畫，對PC業者無疑是好消息，不過中國大陸以外的生產規畫依然持續進行，長期來看亦有其必要性。CPU新品部分，Intel於8月份推出10 nm製程之筆電用Ice Lake U以及Ice Lake Y CPU，但主流級14 nm CPU供應不足不利筆電出貨，中小型PC品牌首當其衝，大型PC品牌因為能優先取得CPU，2019年市占率微幅上升。

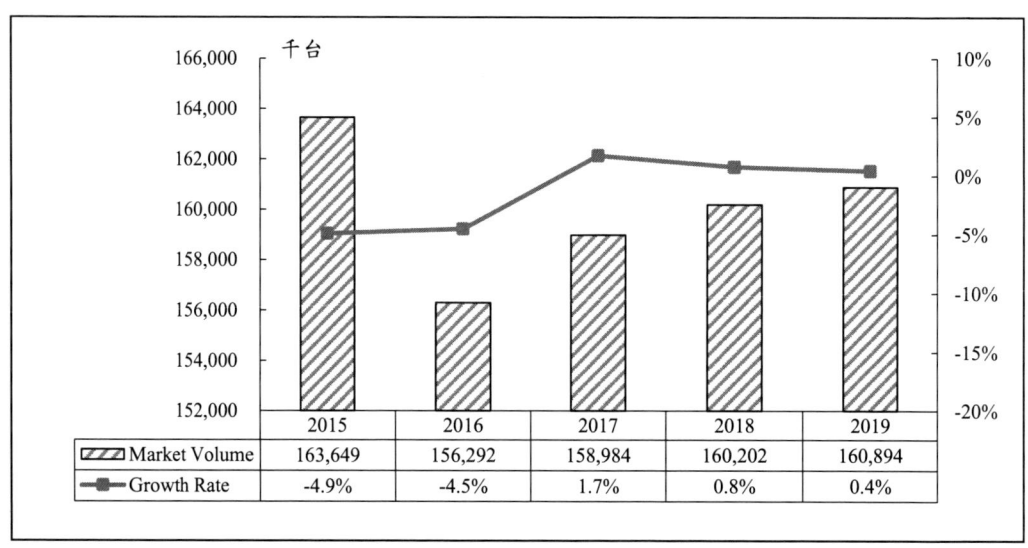

	2015	2016	2017	2018	2019
Market Volume	163,649	156,292	158,984	160,202	160,894
Growth Rate	-4.9%	-4.5%	1.7%	0.8%	0.4%

資料來源：資策會MIC經濟部ITIS研究團隊整理，2020年7月

圖3-7　2015-2019年全球筆記型電腦市場規模

北美市場以HP和Dell為最大市占率的品牌，近年受益於商用換機潮，筆電出貨量有微幅正成長的趨勢。此外，2018年、2019年發生Intel 14 nm CPU缺貨事件，對中小型PC品牌商衝擊較大，HP、Dell、Lenovo等大廠反而因能取得供貨優先權利，市占率得以擴張。另一方面，美中貿易戰造成2019上半年PC業者提高北美庫存水位，下半年美方進一步取消加徵筆電關稅的計畫，幫助全年北美的筆電市場不至衰退。

從北美的經濟表現來看，2017～2019年北美之GDP成長率皆達到2%以上，景氣表現佳，也使企業與一般消費者有預算進行PC設

備更新。尤其 Microsoft 在 2020 年 1 月停止 Win 7 支援，也是部份企業決定換機的因素之一。2019 年北美筆電市場規模年成長率為 0.4%，達到 5,315 萬台。

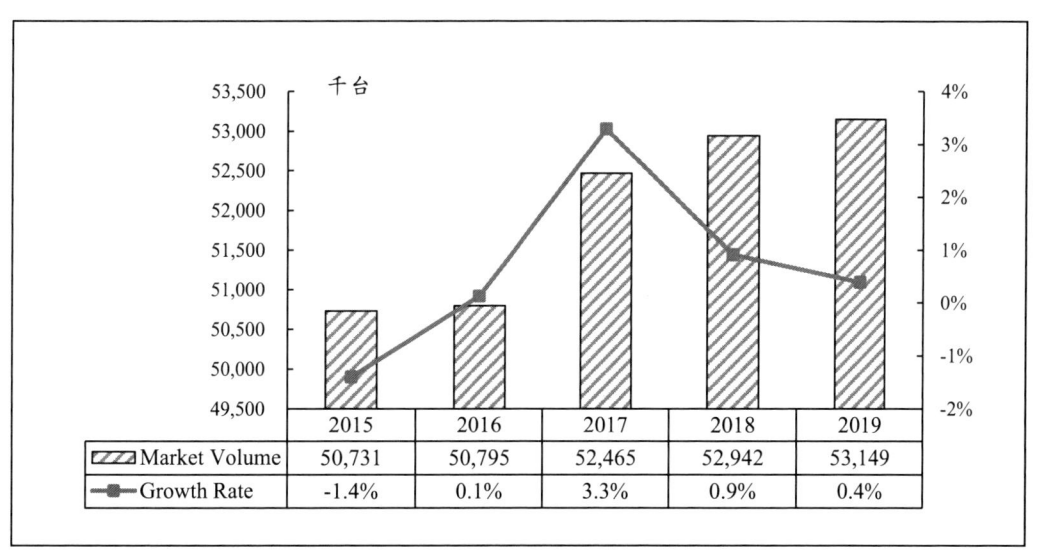

年度	2015	2016	2017	2018	2019
Market Volume (千台)	50,731	50,795	52,465	52,942	53,149
Growth Rate	-1.4%	0.1%	3.3%	0.9%	0.4%

資料來源：資策會 MIC 經濟部 ITIS 研究團隊整理，2020 年 7 月

圖 3-8　2015-2019 年北美筆記型電腦市場規模

西歐市場 2019 年整體經濟表現較為疲弱，除了一延再延的英國脫歐問題亟需解決，歐盟與美國之間亦出現貿易摩擦。2019 年世界貿易組織（WTO）針對歐盟補貼空中巴士（Airbus）的行為作出裁決，允許美國向歐盟課徵關稅，美方隨後在 10 月份對價值 75 億美元的歐洲商品課稅，2019 年西歐之 GDP 成長率下滑至 1.3%。

在經濟狀況劣於 2018 年的情況下，筆電市場在 2018 年短暫止跌後，2019 年又出現衰退趨勢，年成長率為-2.1%，出貨量達 3,620 萬台。雖然整體出貨衰退，利基市場仍有發揮空間，例如歐洲最大的科隆遊戲展（Gamescom），2019 年觀展人次創下新高，臺灣業者宏碁、華碩等持續以支持電競賽事、強化線上販售通路等方式增加品牌能見度，拓展電競筆電市占率。

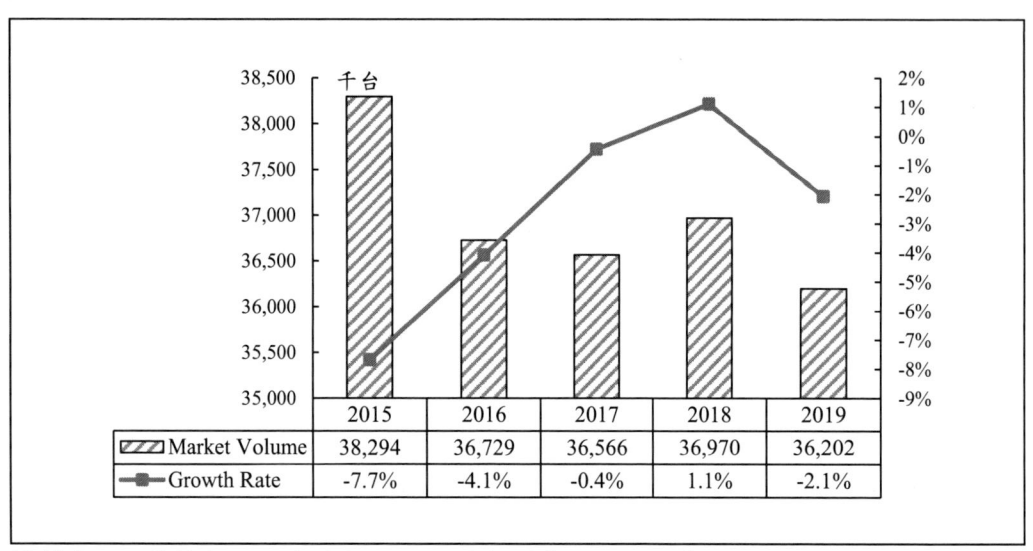

	2015	2016	2017	2018	2019
Market Volume	38,294	36,729	36,566	36,970	36,202
Growth Rate	-7.7%	-4.1%	-0.4%	1.1%	-2.1%

資料來源：資策會MIC經濟部ITIS研究團隊整理，2020年7月

圖 3-9　2015-2019年西歐筆記型電腦市場規模

日本品牌NEC和Fujitsu分別在2016年及2018年將PC部門出售給Lenovo；Toshiba負責PC業務之子公司Toshiba Client Solutions（TCS）亦在2018年出售給由鴻海集團併購的Sharp公司，至此日本PC市場已由非日籍廠商主導。

2017～2018年間受到商用換機潮以及2020東京奧運的IT建置需求激勵，連續兩年保持正成長。雖然2019年10月政府將消費稅由8%調漲至10%，民眾搶在增稅前夕購買商品，但在2019年日本GDP成長率未達1%，且前兩年已陸續換機的條件下，2019年日本筆電市場年成長率為-5.4%，市場規模為715萬台。

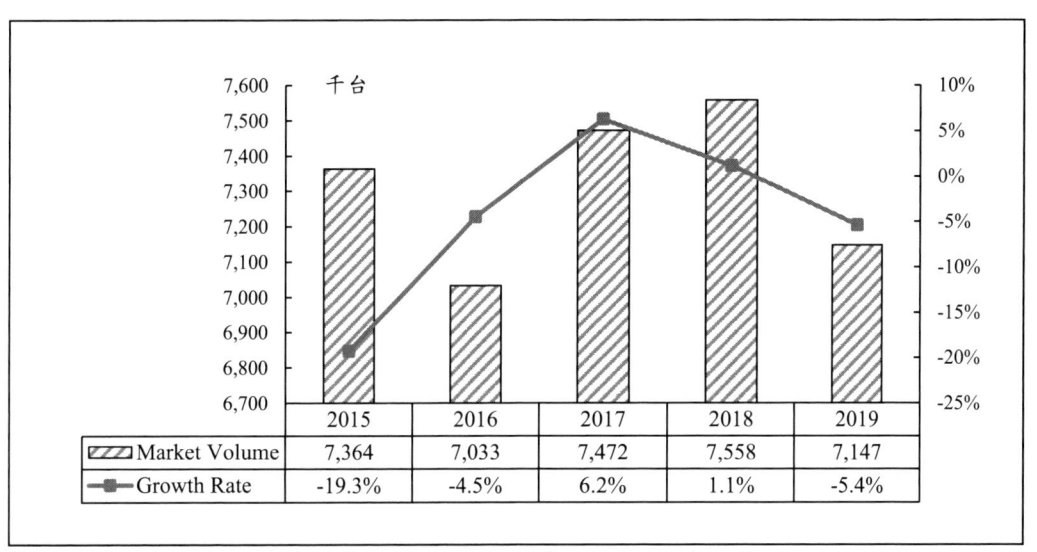

	2015	2016	2017	2018	2019
Market Volume	7,364	7,033	7,472	7,558	7,147
Growth Rate	-19.3%	-4.5%	6.2%	1.1%	-5.4%

資料來源：資策會 MIC 經濟部 ITIS 研究團隊整理，2020 年 7 月

圖 3-10　2015-2019 年日本筆記型電腦市場規模

　　中國大陸政府 2018 年對數位遊戲進行管制，加上美中貿易戰事件削弱經濟成長，筆電換機週期有延長的趨勢。所幸 2019 年仍有升級 Win 10 的商用換機需求，且 NVIDIA 陸續推出 Turing GPU 架構之電競筆電，有助筆電出貨維持穩定。東南亞市場方面，業者推出不同價格區間之筆電機種，有不少平價消費機種供民眾選購，在東南亞網路普及度提升、跨境電商平台興起、電競市場快速發展的條件下，筆電銷售具有成長性。以上各項因素使 2019 年主要 PC 品牌在亞太區的營收普遍取得不錯表現，筆電市場年成長率達 3.0%，市場規模達 4,579 萬台。

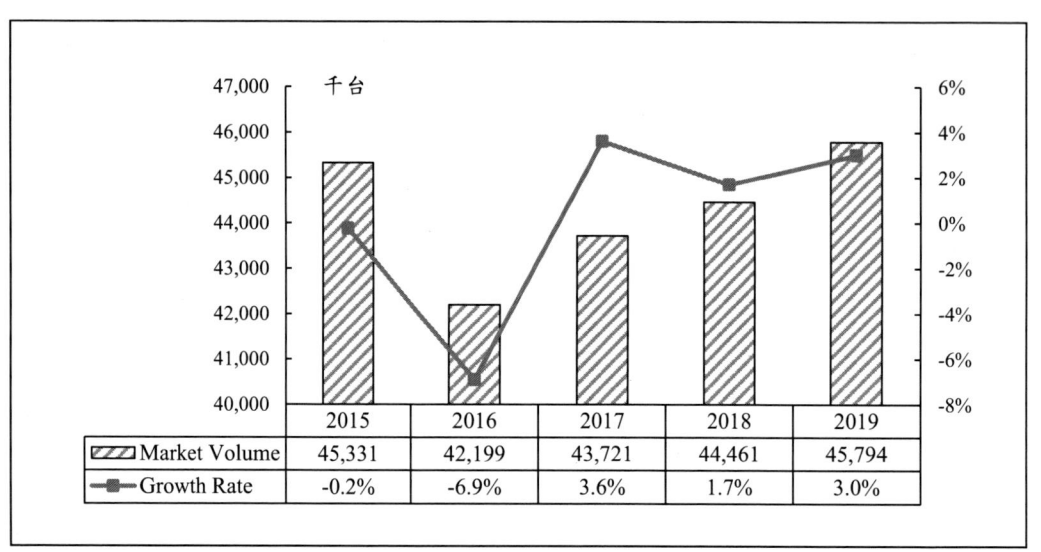

	2015	2016	2017	2018	2019
Market Volume	45,331	42,199	43,721	44,461	45,794
Growth Rate	-0.2%	-6.9%	3.6%	1.7%	3.0%

備註：統計範圍不包括日本
資料來源：資策會MIC 經濟部ITIS研究團隊整理，2020年7月

圖3-11 2015-2019年亞洲筆記型電腦市場規模

　　至於在其他市場方面，2019年美中貿易衝突未解，新興市場貨幣兌美元的匯率波動仍大，但在歷經連續四年的筆電出貨衰退之後，換機需求終於使2019年其他市場的筆電出貨止跌，年成長率來到1.8%，達1,860萬台。

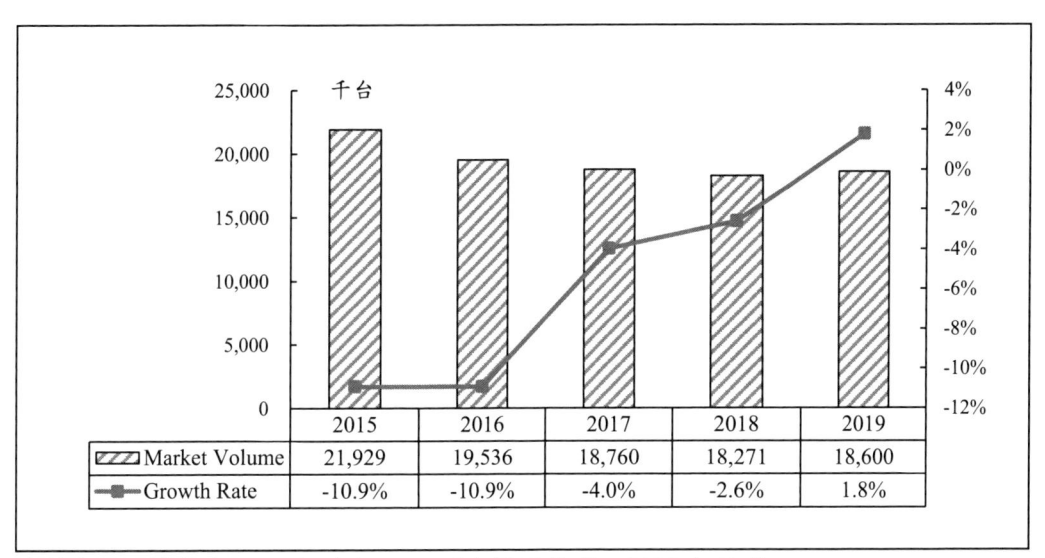

年份	2015	2016	2017	2018	2019
Market Volume（千台）	21,929	19,536	18,760	18,271	18,600
Growth Rate	-10.9%	-10.9%	-4.0%	-2.6%	1.8%

資料來源：資策會 MIC 經濟部 ITIS 研究團隊整理，2020 年 7 月

圖 3-12　2015-2019 年其他地區筆記型電腦市場規模

三、全球伺服器市場分析

伺服器處理器仍為產業發展的關注焦點，其中 Intel 以 64 顆自家的 Loihi 神經形態晶片（Neuromorphic Chip）組成新的大型神經擬態系統平台 Pohoiki Beach，總計有 1,320 億個電晶體（Transistor）與 800 萬個數位神經元（neurons）。Intel 預估 Loihi 與通用型處理器（CPU）相比的運行速度提高了 1,000 倍，整體功耗與效能比率也提高了 10,000 倍。Loihi 可應用在模擬大腦神經元運作的稀疏編碼（Sparse Coding），目的是應用於人工智慧技術中的深度學習場域，目標是在 2019 年底前將 Pohoiki Beach 平台突破 1 億個數位神經元。

當今的資料中心面對人工智慧技術以繪圖處理器（GPU）為主，為了降低成本而開發越來越多的特殊應用處理器解決方案（ASIC）。然而上述的解決方案對於以通用型處理器業務為主的 Intel 形成挑戰，因此 Intel 除了以現場可程式化閘陣列（FPGA）鎖定資料中心的彈性運算市場外，更布局了神經形態晶片，以塑造未來的資料中心架構。對於臺灣伺服器供應鏈而言，既有的上游處理器大廠皆在發揮巨

大的市場影響力,而這也代表著伺服器未來的硬體設計將往更客製化的方向邁進。

除了中央處理器(Central Processing Unit, CPU)以外,NVIDIA開發出新一代超級電腦DGX SuperPOD同時創下三項人工智慧的自然語言技術紀錄,分別為最快訓練速度(Training)、最快推論速度(Inference)、最龐大模型紀錄(Hyper Scale)。值得注意的是,DGX SuperPOD 大量採用了今年初 NVIDIA 併購 Mellanoz 旗下的 InfiniBand 技術,可讓 DGX-H2 模組之間以更高速通道相互連接,同時具備容易擴充的優勢。此外,NVIDIA 也推出 GPU 虛擬化解決方案,支援 VMWare 的 vSphere、vCenter、vMotion 等,未來將可透過 NVIDIA GPU Cloud 串接使用者從自有伺服器到 VMware Cloud 的 GPU 加速需求。上述兩者皆樹立了 GPU 新的資料中心產業地位,也成功增加了 NVIDIA 在伺服器產業中的話語權。

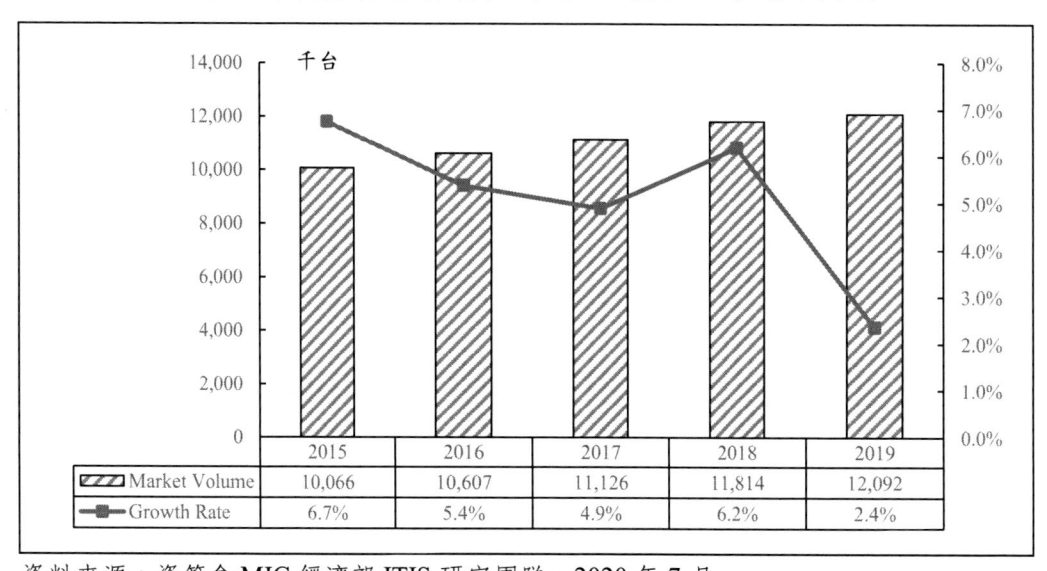

2019 年全球伺服器市場規模達 1,209 萬台,年增率約為 2.4%。

千台	2015	2016	2017	2018	2019
Market Volume	10,066	10,607	11,126	11,814	12,092
Growth Rate	6.7%	5.4%	4.9%	6.2%	2.4%

資料來源:資策會 MIC 經濟部 ITIS 研究團隊,2020 年 7 月

圖 3-13　2015-2019 年全球伺服器市場規模

從區域市場發展來觀察，2019 年北美的全球占比從 2018 年的 46.4%微幅上升至 46.6%，市場規模達 563 萬台，位居全球市場首位，主因是北美資料中心大廠 AWS、Azure、Facebook、GCP 等 Tier 1 需求力道仍然強勁，市場年成長率達 2.6%，略高於全球的 2.4%成長率。由於北美 Tier 2 業務也持續擴張，同時帶動了北美市場規模成長，包含了 Twitter、Apple、Uber、Airbnb 及 Spotify 等，上述業者除了自建機房外，也會跟 Tier 1 租賃運算資源，進而擴大了整體北美伺服器市場的需求。

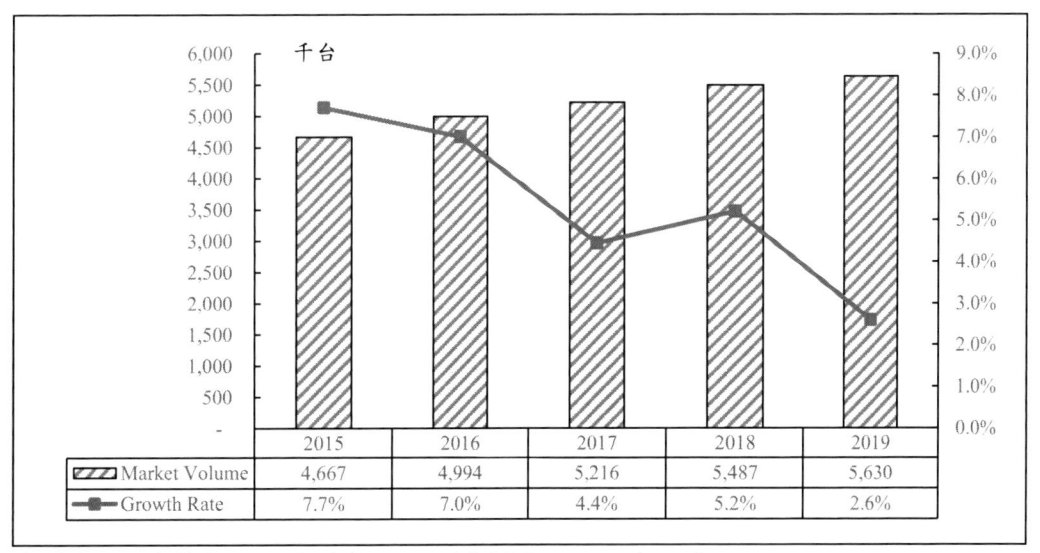

	2015	2016	2017	2018	2019
Market Volume	4,667	4,994	5,216	5,487	5,630
Growth Rate	7.7%	7.0%	4.4%	5.2%	2.6%

資料來源：資策會 MIC 經濟部 ITIS 研究團隊，2020 年 7 月

圖 3-14　2015-2019 年北美伺服器市場規模

2019 年西歐的全球占比從 2018 年的 14.9%微幅下滑至 14.8%，市場規模達 179 萬台，年成長率 1.8%。值得關注的是 Google 於芬蘭建立「無碳」企業，承諾未來 20 年將在歐洲投資 30 億歐元擴大資料中心業務，意味著 Google 在歐洲相關投資總額將達到 150 億歐元。相較於其他市場，歐洲因環保標準不斷提升，資料中心市場將維持一定的成長動能。

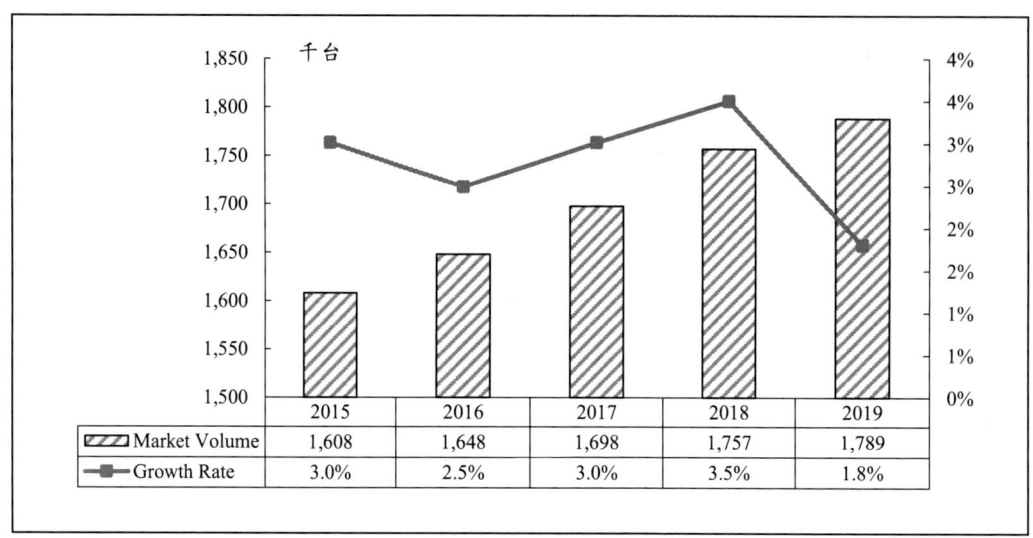

	2015	2016	2017	2018	2019
Market Volume	1,608	1,648	1,698	1,757	1,789
Growth Rate	3.0%	2.5%	3.0%	3.5%	1.8%

資料來源：資策會MIC經濟部ITIS研究團隊，2020年7月

圖 3-15　2015-2019 年西歐伺服器市場規模

2019年日本的全球占比從2018年的4.2%仍維持不變，市場規模達51萬台，年成長率2.5%。由於為2020東京奧運活動建設需求，日本從2018年開始加速拓展5G網通設置，同時也帶動相關伺服器出貨表現，成為近年來難得的正向市場成長。

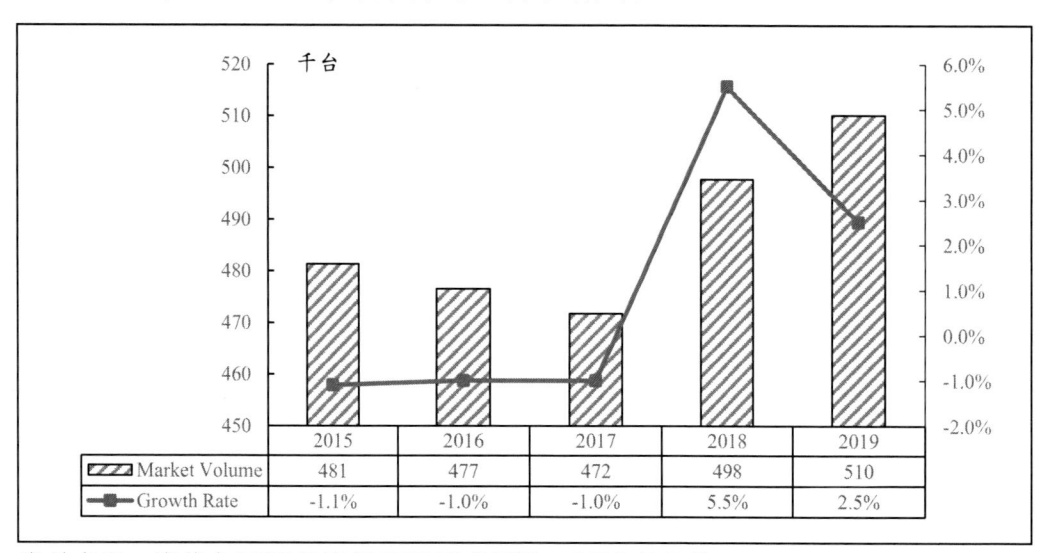

	2015	2016	2017	2018	2019
Market Volume	481	477	472	498	510
Growth Rate	-1.1%	-1.0%	-1.0%	5.5%	2.5%

資料來源：資策會MIC經濟部ITIS研究團隊，2020年7月

圖 3-16　2015-2019 年日本伺服器市場規模

2019 年亞太市場的全球占比從 2018 年的 27.8%微幅成長至 27.9%，市場規模達 337 萬台，年成長率 2.4%。其中扮演關鍵角色為中國大陸市場成長迅速，市場規模從 265 萬台成長 2.5%至 272 萬台。雖然中美貿易紛爭帶給中國大陸經濟意料之外的衝擊，但政府仍維持既定 5G 建置計畫，甚至擴大相關支出與補助，促進整體亞太市場成長。

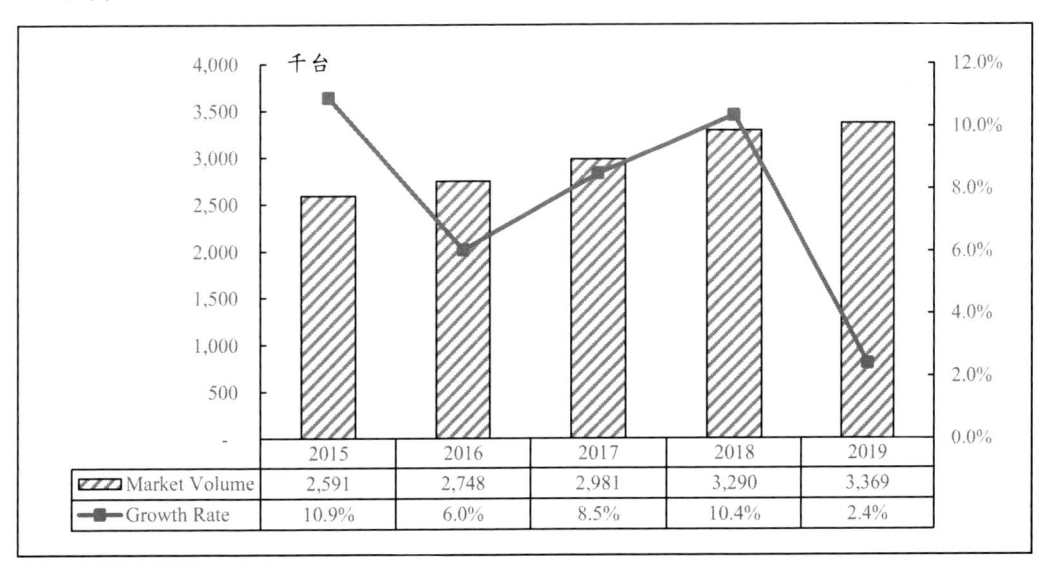

	2015	2016	2017	2018	2019
Market Volume	2,591	2,748	2,981	3,290	3,369
Growth Rate	10.9%	6.0%	8.5%	10.4%	2.4%

備註：統計範圍不包括日本
資料來源：資策會 MIC 經濟部 ITIS 研究團隊，2020 年 7 月

圖 3-17　2015-2019 年亞洲伺服器市場規模

2019 年其他地區市場在全球占比仍維持 2018 年的 6%，出貨量達 79 萬台，年成長率 1.6%。除了北美資料中心大廠於拉丁美洲的投資外，開發中與未開發國家正積極建設基礎設施，包含了國家資料中心計畫，此舉也帶來伺服器出貨表現。

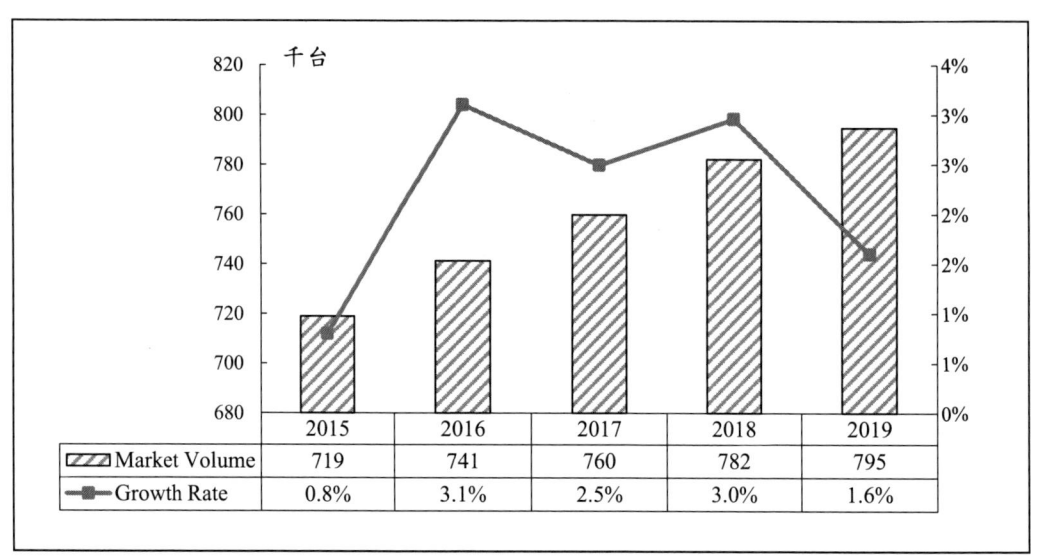

年度	2015	2016	2017	2018	2019
Market Volume	719	741	760	782	795
Growth Rate	0.8%	3.1%	2.5%	3.0%	1.6%

資料來源：資策會 MIC 經濟部 ITIS 研究團隊，2020 年 7 月

圖 3-18　2015-2019 年其他地區伺服器市場規模

四、全球主機板市場分析

　　2019 年全球主機板市場規模約 10,100 萬片，年成長率約-1.2%。主因為 Microsoft 公布 Windows 7 在 2020 年 1 月 14 日停止安全性更新，故 2019 年主機板仍能受惠於 Windows 10 商用換機潮的需求。然而在國際情勢方面卻出現負面影響，由於 2019 年 5 月美中貿易戰將中國商品輸美課徵的關稅從 10%上調至 25%，影響範圍包括桌機、主機板等產品的銷售毛利，故讓主機板品牌業者成本增加且間接衝擊市場銷售價格。

　　而在關鍵晶片部分，Intel 在 2018 年及 2019 年皆相繼發生 14 nm CPU 供貨緊缺事件，再加上 AMD 於 2019 年推出 7 nm 工藝打造的第三代 Ryzen、Ryzen Threadripper CPU 以及 RX5700XT 顯示卡，瓜分原本 Intel 用戶客群，吸引一部分 PC DIY 用戶轉而選擇 AMD 產品。

　　NVIDIA 與 AMD 分別在 2019 年第三季推出 GPU 顯示晶片新品，NVIDIA 推出 RTX SUPER 系列顯示晶片，包含 RTX2060 SUPER、

RTX2070 SUPER 以及 RTX2080 SUPER，採用 12 nm 製程技術、CUDA Cores 數量與基本時脈皆升級；同時，AMD 亦推出新款顯示晶片 Radeon RX5700 XT 與 RX5700 應戰，採用 7 nm 製程技術、RDNA 架構以及支持 PCIe 4.0，新品推出讓 2019 年下半年的主機板以及 PC DIY 市場增加許多話題性。

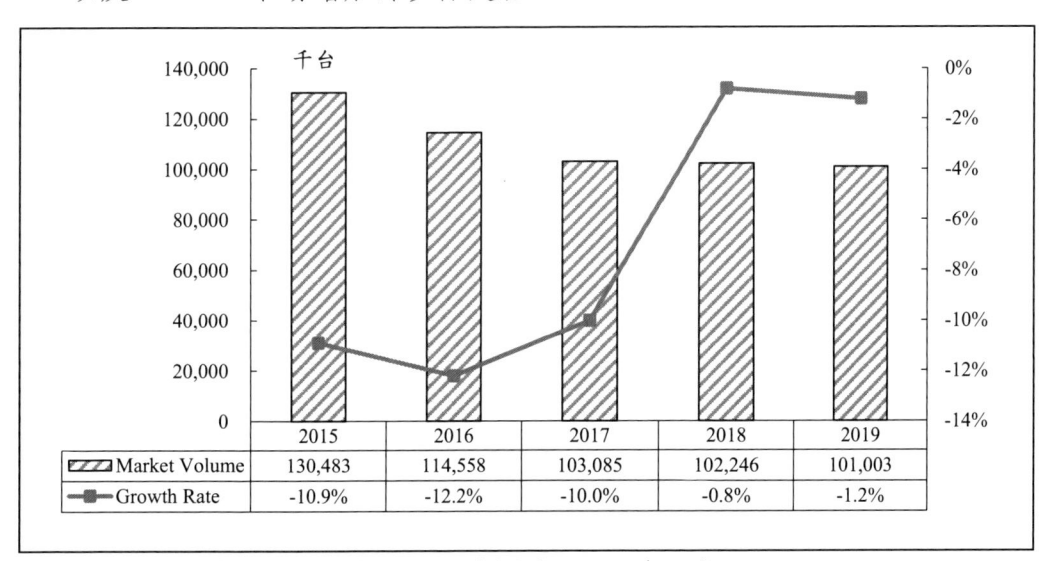

	2015	2016	2017	2018	2019
Market Volume	130,483	114,558	103,085	102,246	101,003
Growth Rate	-10.9%	-12.2%	-10.0%	-0.8%	-1.2%

資料來源：資策會 MIC 經濟部 ITIS 研究團隊，2020 年 7 月

圖 3-19　2015-2019 年全球主機板市場規模

2019 年北美主機板市場出貨規模約 1,883 萬片，年成長率為 1.7%。2019 年重要事件包含有 Intel 處理器持續供貨不足與美中貿易戰升溫等問題，Intel 處理器缺貨固然限制了桌機出貨量，但北美市場以美系業者 HP 與 Dell 為大宗，HP 與 Dell 在處理器之取得具有優先順位，加上商用機種之處理器供應又優先於消費機種，因此降低負面衝擊。另一方面，美中貿易戰則促使 PC 代工業者與品牌業者提前出貨至美國，因而使 2019 年出貨表現較 2018 年成長。

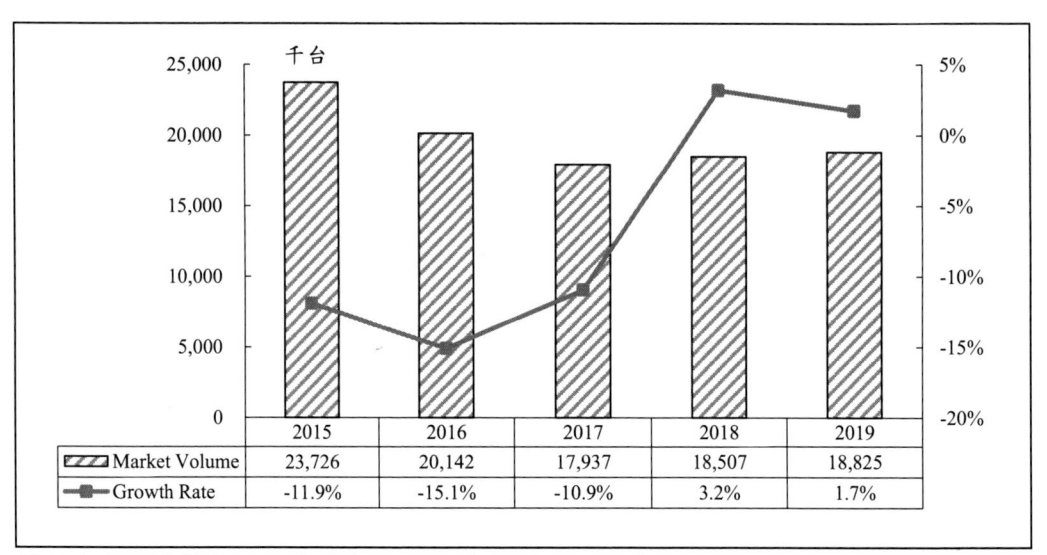

	2015	2016	2017	2018	2019
Market Volume	23,726	20,142	17,937	18,507	18,825
Growth Rate	-11.9%	-15.1%	-10.9%	3.2%	1.7%

資料來源：資策會 MIC 經濟部 ITIS 研究團隊，2020 年 7 月

圖 3-20　2015-2019 年北美主機板市場規模

　　2019 年西歐主機板市場出貨規模約 1,192 萬片，年成長率為 11.0%。西歐 2019 年受到英國脫歐事件影響最劇，英國已於 2020 年 1 月起正式脫離歐盟，脫歐事件影響層面包含國際企業的遷移、企業投資活動的減少、失去歐洲單一市場利基等不利因素，不安定的狀態影響西歐整體經濟，企業及民間消費趨於保守，致使主機板需求量下滑。幸好 2019 年仍有商用換機潮的加持，為主機板市場增添些許動能。

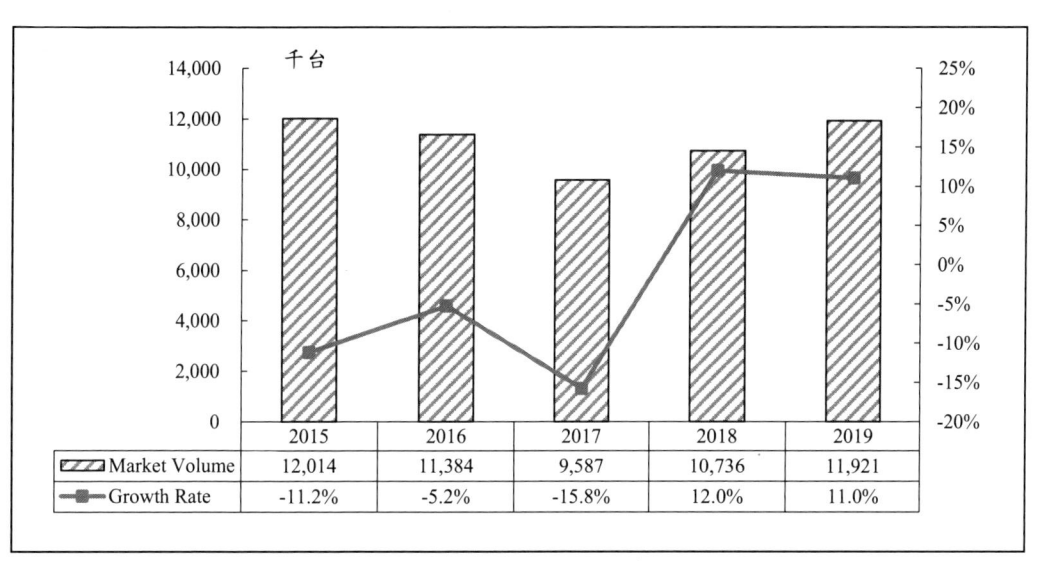

年	2015	2016	2017	2018	2019
Market Volume	12,014	11,384	9,587	10,736	11,921
Growth Rate	-11.2%	-5.2%	-15.8%	12.0%	11.0%

資料來源：資策會 MIC 經濟部 ITIS 研究團隊，2020 年 7 月

圖 3-21　2015-2019 年西歐主機板市場規模

　　2019 年日本主機板市場出貨規模約 220 萬片，年成長率為 2.6%，主要受惠於商用換機潮。經濟政策方面，由於日本政府公布於 2019 年 10 月將消費稅上調至 10%，消費者為避免購買費用增加，趕在消費稅調高前購入產品，因而刺激對主機板的需求表現。此外，為迎接東京奧運掀起的購機潮亦為 2019 年的出貨表現帶來有利因子。

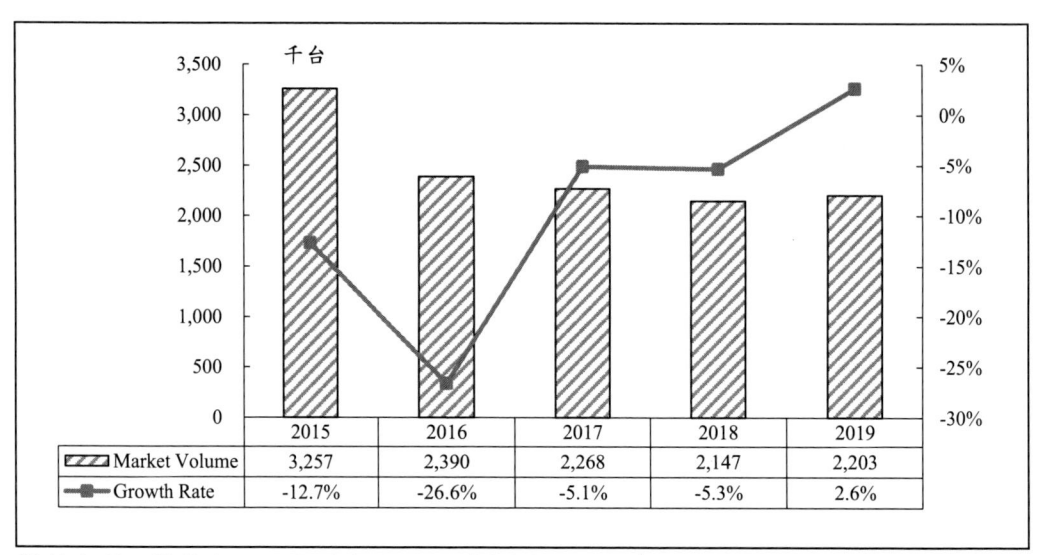

	2015	2016	2017	2018	2019
Market Volume	3,257	2,390	2,268	2,147	2,203
Growth Rate	-12.7%	-26.6%	-5.1%	-5.3%	2.6%

資料來源：資策會MIC 經濟部ITIS 研究團隊，2020 年7 月

圖 3-22　2015-2019 年日本主機板市場規模

　　2019 年亞太地區主機板市場出貨規模約 5,405 萬片，年成長率為-2.5%。中國大陸是亞太地區最大的市場，近年受美中貿易戰的關稅衝擊，致使代工及品牌業者陸續將生產基地移出中國大陸，進而影響亞太地區整體出貨表現。東南亞市場經濟發展仍在持續進步中，目前以中低階產品為主流，然而 Intel 處理器缺貨問題以中低階產品最為明顯，倘若 PC DIY 用戶無法順利購得 CPU，將連帶影響主機板需求表現。

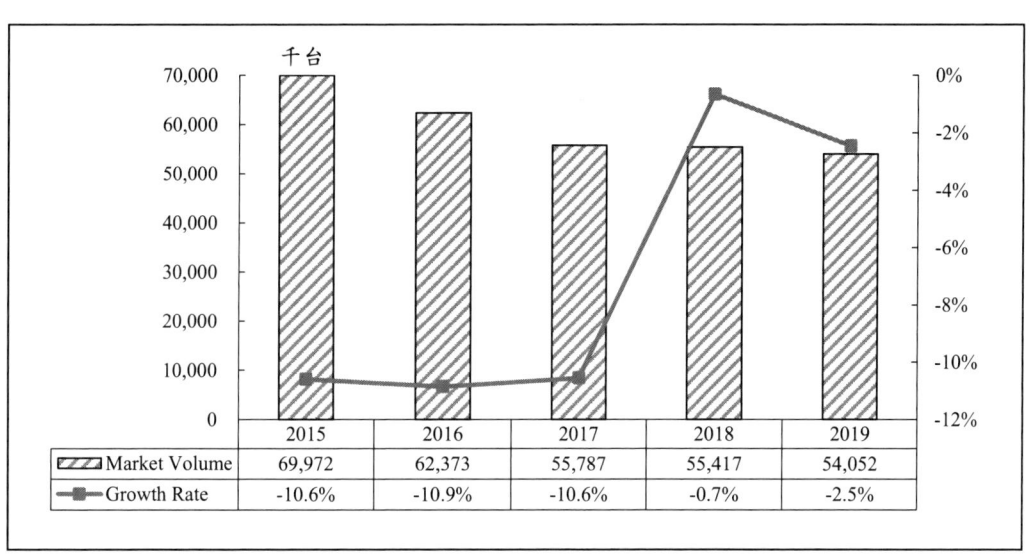

	2015	2016	2017	2018	2019
Market Volume	69,972	62,373	55,787	55,417	54,052
Growth Rate	-10.6%	-10.9%	-10.6%	-0.7%	-2.5%

備註：統計範圍不包括日本
資料來源：資策會 MIC 經濟部 ITIS 研究團隊，2020 年 7 月

圖 3-23　2015-2019 年亞洲主機板市場規模

　　2019 年其他發展中新興市場，如南美洲、中東、東歐等地區，主機板市場規模約 1,400 萬片，年成長率為-9.3%。2019 年受石油經濟衰退、中東地區內亂等影響經濟表現。另一方面，Intel 自 2018 年持續至今的處理器供貨不足問題，雖 2019 年缺貨問題較為緩和，但缺貨產品中仍以中低階處理器缺貨最為明顯，由於此區域為中低階處理器的需求主流，因此造成 2019 年主機板出貨呈現衰退。

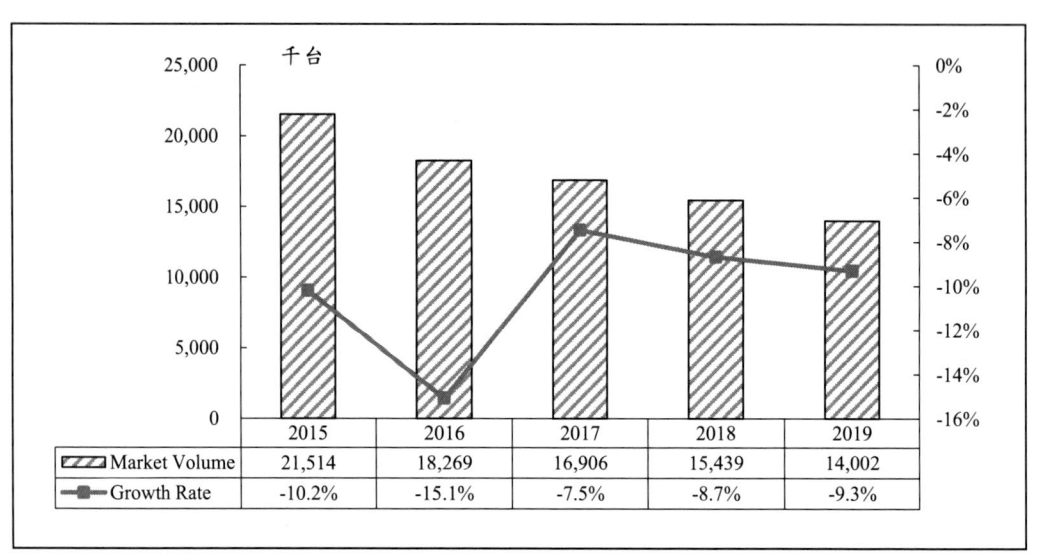

	2015	2016	2017	2018	2019
Market Volume	21,514	18,269	16,906	15,439	14,002
Growth Rate	-10.2%	-15.1%	-7.5%	-8.7%	-9.3%

資料來源：資策會MIC經濟部ITIS研究團隊，2020年7月

圖3-24　2015-2019年其他地區主機板市場規模

第四章 臺灣資訊硬體產業個論

一、臺灣桌上型電腦產業現況與發展趨勢分析

（一）產量與產值分析

2019年臺灣桌上型電腦產量達4,979萬台，年成長率為0.5%。受惠於Win 10商用換機潮的加持，以及創作者PC市場新話題帶動桌機市場出貨表現，為PC市場注入新的發展機會。

2019年桌上型電腦產業，桌機銷售量雖有Win 10商用換機潮的加持，但Intel 14 nm CPU供應不足仍為PC業者帶來負面影響，14 nm CPU在2019年下半年的缺貨問題，持續影響下游品牌廠商的出貨，其實Intel處理器供貨不足從2018下半年即已浮現，但事隔一年仍未見改善，2019年第四季再度衝擊全球PC出貨。此次缺貨狀況較2018年緩和，其中，品牌大廠如HP、Dell等多有優先獲取處理器的順位，且由臺灣代工業者如富士康、緯創、和碩等承接訂單，因此出貨量與2018年相比僅微幅成長。至於規模較小的臺灣品牌業者如宏碁、華碩等由於處理器取得順位較後，所受衝擊較為明顯。

美中貿易衝突的升溫，關稅從10%上調至25%，影響範圍涵蓋桌機、主機板等產品，其中桌機關稅的提高，迫使業者紛紛將供應鏈生產基地移轉以及商品售價調升，進而影響消費端購買力。

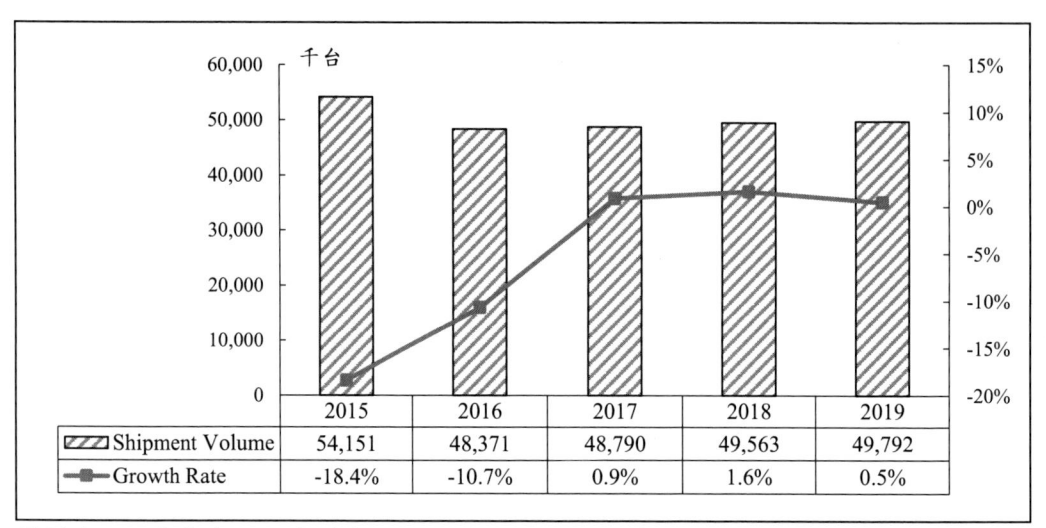

	2015	2016	2017	2018	2019
Shipment Volume	54,151	48,371	48,790	49,563	49,792
Growth Rate	-18.4%	-10.7%	0.9%	1.6%	0.5%

資料來源：資策會 MIC 經濟部 ITIS 研究團隊，2020 年 7 月

圖 4-1　2015-2019 年臺灣桌上型電腦產業總產量

產值方面，2019 年臺灣桌上型電腦產值約 13,224 百萬美元，年成長率約 2.0%。由於商用機種出貨占比高、Intel 與 AMD 下半年的處理器新品效應，致使 2019 年之臺灣代工廠出貨 ASP 高於 2018 年，而毛利方面則變化不大。

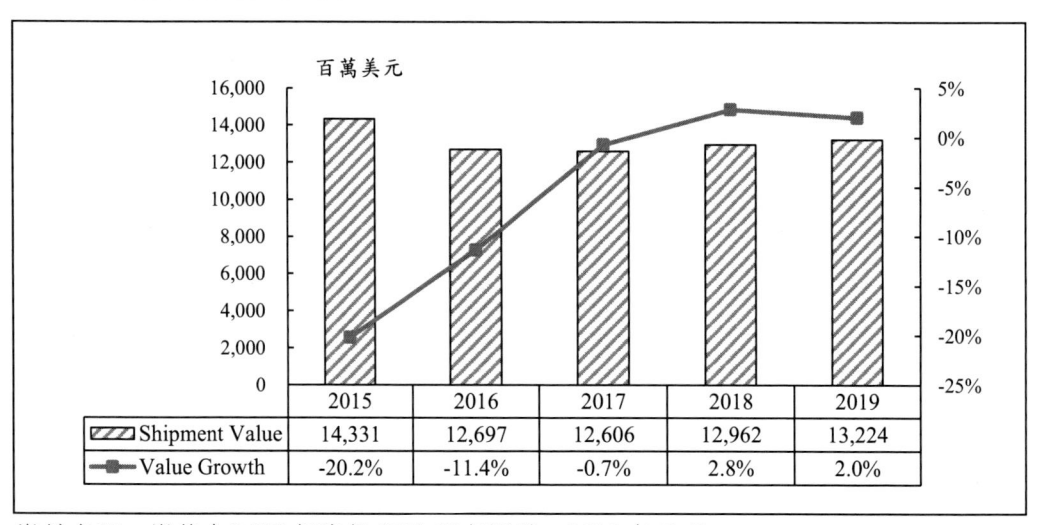

	2015	2016	2017	2018	2019
Shipment Value	14,331	12,697	12,606	12,962	13,224
Value Growth	-20.2%	-11.4%	-0.7%	2.8%	2.0%

資料來源：資策會 MIC 經濟部 ITIS 研究團隊，2020 年 7 月

圖 4-2　2015-2019 年臺灣桌上型電腦產業總產值

（二）業務型態分析

臺灣桌上型電腦代工業者主要客戶組成近年大致無變動，包含各大國際 PC 品牌業者如 HP、Dell、Apple 以及 Lenovo，其中聯想近年為減少關稅的衝擊，已提高自行生產或委託中國大陸當地業者生產的比例。臺灣品牌業者除了深耕電競領域多年且頗有斬獲的微星、宏碁、華碩等業者，亦投入 AIO、電競、創作者應用等高單價機種研發，不過因為 Intel 處理器供貨不足，配貨優先集中於大型 PC 品牌商，導致華碩與宏碁桌機出貨不順，而微星因致力於高階電競機種，受影響程度較小。

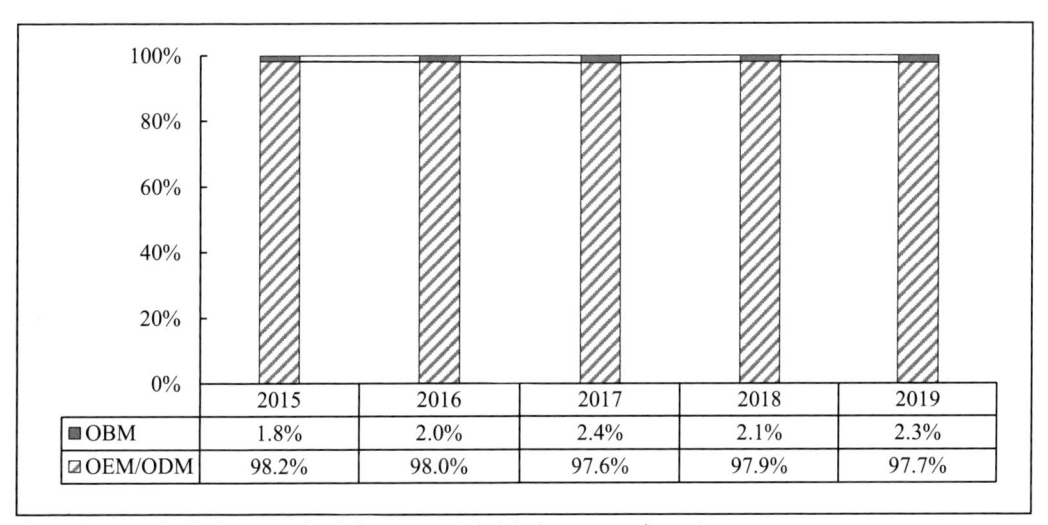

	2015	2016	2017	2018	2019
OBM	1.8%	2.0%	2.4%	2.1%	2.3%
OEM/ODM	98.2%	98.0%	97.6%	97.9%	97.7%

資料來源：資策會 MIC 經濟部 ITIS 研究團隊，2020 年 7 月

圖 4-3　2015-2019 年臺灣桌上型電腦產業業務型態別產量比重

（三）出貨地區分析

2019 年臺灣桌上型電腦出貨地區以中國大陸的 27.6%最多，不過受到美中貿易戰的影響，為減少關稅的衝擊，中國大陸品牌商轉而朝提高自製率以及委託中國大陸本地業者代工布局，故占比較 2018 年下滑。北美地區是臺灣桌機第二大出貨地區，2019 年一樣是受惠於 Win 10 商用換機潮的支持，以及美中貿易戰而促使業者提前出貨至美國。此外，Intel 處理器缺貨不足問題對於美系品牌大廠 HP、Dell

等影響較低,因此 2019 年北美地區市場相對穩定。亞太地區市場則以東南亞的電競風氣最為興盛且具發展潛力,2018 年亞運會首次將電競賽事納入表演運動項目中,並宣布 2022 年亞運會預計直接將電競項目納入正式的比賽項目,此舉將更有機會推升電競市場需求表現,2019 年出貨占比來到 23.5%,未來的市場發展性將值得期待。

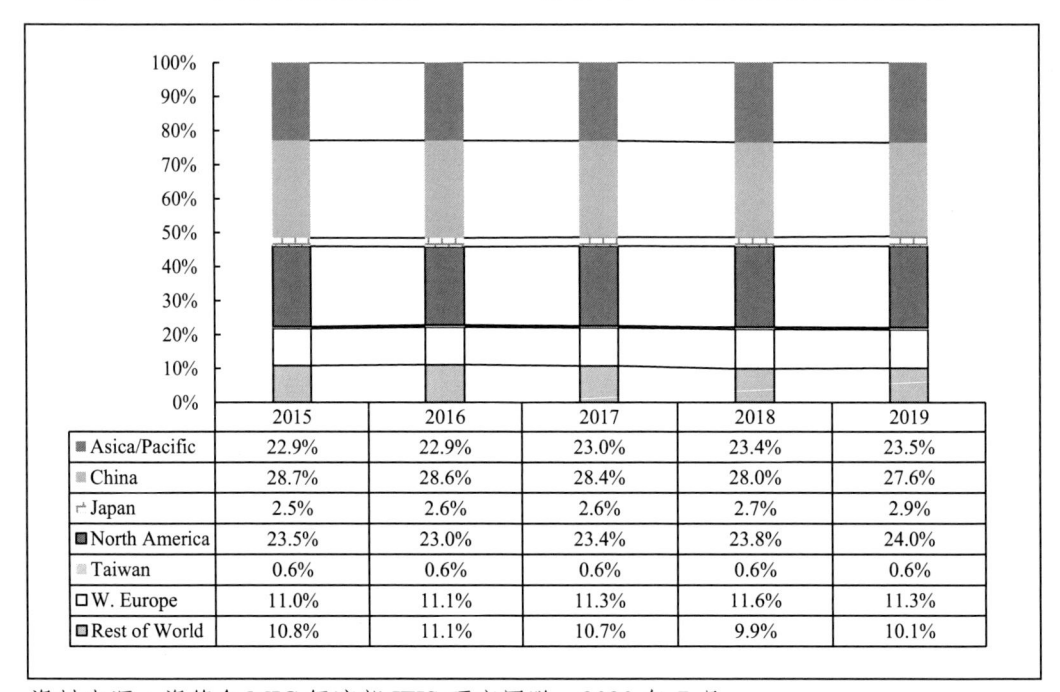

	2015	2016	2017	2018	2019
Asica/Pacific	22.9%	22.9%	23.0%	23.4%	23.5%
China	28.7%	28.6%	28.4%	28.0%	27.6%
Japan	2.5%	2.6%	2.6%	2.7%	2.9%
North America	23.5%	23.0%	23.4%	23.8%	24.0%
Taiwan	0.6%	0.6%	0.6%	0.6%	0.6%
W. Europe	11.0%	11.1%	11.3%	11.6%	11.3%
Rest of World	10.8%	11.1%	10.7%	9.9%	10.1%

資料來源:資策會 MIC 經濟部 ITIS 研究團隊,2020 年 7 月

圖 4-4　2015-2019 年臺灣桌上型電腦產業銷售地區別產量比重

(四)產品結構分析

　　Intel 14 nm 處理器在 2019 年下半年的缺貨問題持續影響下游品牌廠商的出貨,其實 Intel 處理器供貨不足從 2018 下半年即已浮現,但事隔一年仍未見改善,2019 年下半年再度衝擊全球 PC 出貨。所幸相較上半年好轉,加上有 Win 10 商用換機潮持續發酵下,影響幅度相較 2018 年低。AMD 方面則是趁勢推出系列處理器新品,明顯是想搶食 Intel 所流失的客群,不過因 AMD 給消費者的印象是主攻

中低階市場，故 AMD 的市占雖可趁此獲得緩步提升的空間，但幅度有限。

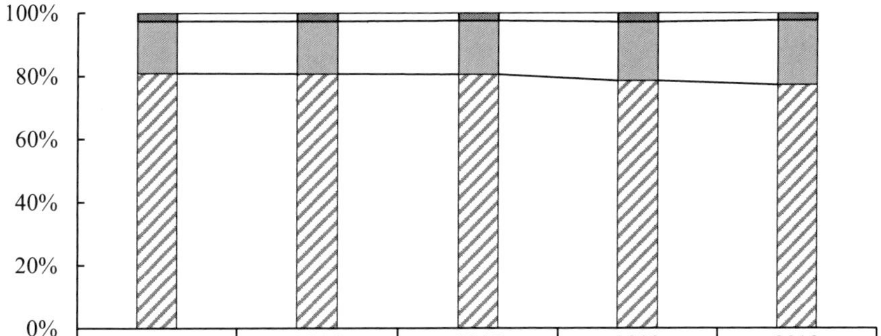

	2015	2016	2017	2018	2019
Others	2.7%	2.7%	2.5%	2.9%	2.4%
AMD	16.5%	16.6%	17.0%	18.6%	20.4%
Intel	80.9%	80.8%	80.5%	78.5%	77.2%

資料來源：資策會 MIC 經濟部 ITIS 研究團隊，2020 年 7 月

圖 4-5　2015-2019 年臺灣桌上型電腦產業中央處理器採用架構分析

（五）發展趨勢分析

　　桌機產業發展極度成熟，近年來受惠於商用換機潮的支撐，桌機出貨才出現止跌跡象。然而近幾年來桌機部分需求轉移至筆記型電腦以及其他攜帶式智慧裝置，致使桌機產業呈現逐年萎縮現象。臺灣桌機以代工業者為主，持續以提高毛利為目標，精進高技術門檻產品的製作能力，例如：電競桌機、商用桌機、AIO、創作者應用等。

　　美中貿易戰開打至今，2019 年更是受到關稅調升的衝擊，此舉促使 PC 供應鏈業者陸續將部份機種的組裝移往中國大陸以外的生產地區製造，同時加強對全球突發事件的應變能力，採取可分散風險的措施。

二、臺灣筆記型電腦產業現況與發展趨勢分析

（一）產量與產值分析

臺灣筆記型電腦產業在 2019 年出貨成長率為 2.4%，達 12,920 萬台。臺灣筆記型電腦 2018 年出貨衰退的主因在於，中國大陸業者 Lenovo 結束與臺灣廠商仁寶之合作關係，收購合資廠聯寶的所有股權，使 Lenovo 自行製造比重提高，臺灣筆電產業占全球比重下滑。2019 年因美中貿易戰各業者提高北美庫存水位，加上與臺灣代工廠合作的大型 PC 品牌商在 Intel CPU 缺貨事件中所受影響較小，使 2019 年臺灣筆電出貨呈現正成長，全球市占率來到 80.0%。

筆記型電腦產業仍由國際品牌業者主導，以 HP、Dell、Lenovo 為首的態勢不變，接著是 Acer、ASUS、Apple，其餘加入戰局的業者尚有 Google 與 Microsoft。臺灣代工業者與各國際品牌商合作關係穩固，前五大代工廠為仁寶、廣達、緯創、英業達以及和碩，在美中貿易戰的影響下，臺灣業者擁有彈性調配生產地點的能力優勢，2019 年有不錯的出貨表現。

臺灣以外之筆記型電腦產業，以韓國和中國大陸自有品牌為主，包含 Samsung、LG、小米、華為、同方等，但目前市占率不高；日本品牌 NEC、Fujitsu、Toshiba 的電腦事業部門則已被中國大陸與臺灣業者收購。韓國業者筆電多為自製，著重內需市場，集團經營重心放在智慧型手機、液晶面板等產品，未積極拓展筆電之全球市場布局。中國大陸代工業者因產品研發、生產良率及供應鏈掌握程度等能力不及臺灣業者，筆電訂單量多年來成長不易。

美中貿易戰除了造成短期筆電出貨波動，中國大陸官方也開始有「去美化」動作，有意在三年內將公家機關的 PC 設備換成中國大陸品牌，Lenovo 很可能成為最大受益者。若 HP、Dell 等美系業者受到衝擊，臺灣代工廠筆電出貨也將連帶受到影響，必須關注此事件後續發展。

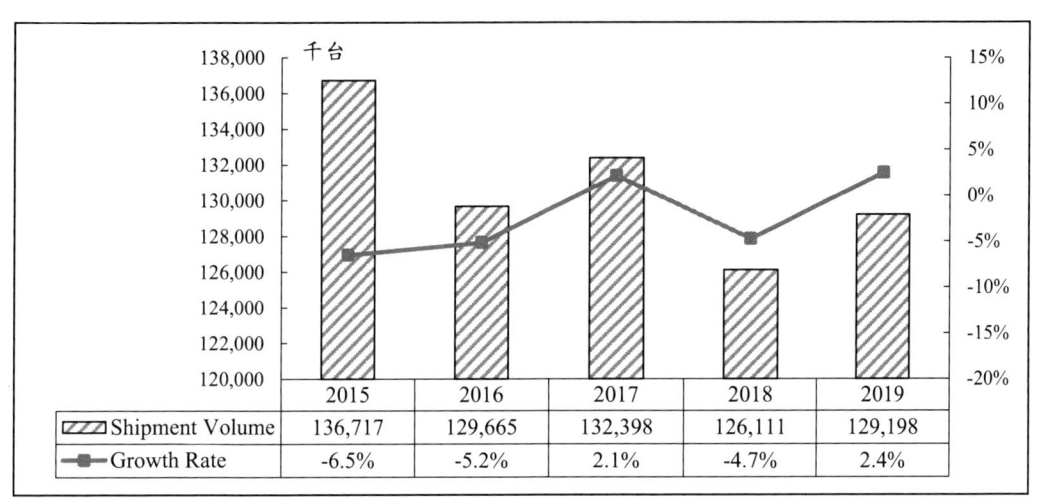

	2015	2016	2017	2018	2019
Shipment Volume	136,717	129,665	132,398	126,111	129,198
Growth Rate	-6.5%	-5.2%	2.1%	-4.7%	2.4%

資料來源：資策會 MIC 經濟部 ITIS 研究團隊整理，2020 年 7 月

圖 4-6　2015-2019 年臺灣筆記型電腦產業總產量

2019 年臺灣業者筆電出貨量增加，產值年成長率為 1.7%，達 57,572 百萬美元。筆電換機潮發生的時間點較桌上型電腦早，在 2017 年即浮現，2018 年受貿易戰衝擊出貨量值皆衰退，2019 年在 PC 業者拉高庫存和 Windows 7 支援期限將至的影響下，出貨量值再次成長，惟臺灣業者有承接如 Chromebook 等低價機種訂單，ASP 較 2018 年下滑。

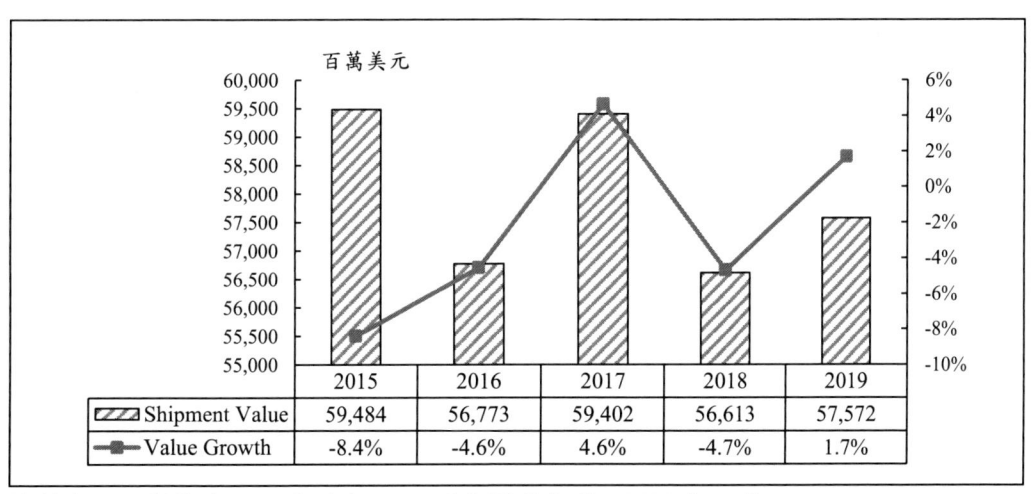

	2015	2016	2017	2018	2019
Shipment Value	59,484	56,773	59,402	56,613	57,572
Value Growth	-8.4%	-4.6%	4.6%	-4.7%	1.7%

資料來源：資策會 MIC 經濟部 ITIS 研究團隊整理，2020 年 7 月

圖 4-7　2015-2019 年臺灣筆記型電腦產業總產值

（二）業務型態分析

臺灣筆記型電腦產業在業務型態上，一直是以代工占絕大多數，ASUS 與 Acer 為國際知名品牌，但自身並無產能，故不計算在此處 OBM 之列。臺灣之 OBM 著重於利基型市場，例如 MSI 專精於電競 PC，銷售狀況主要受 GPU 架構更新、遊戲大作上市等因素影響。OBM 占臺灣筆電業務比重小，變動亦不大，尤其在連兩年的 Intel CPU 缺貨影響下，大型品牌市占率再擴大，臺灣 OEM／ODM 業者連帶受惠。

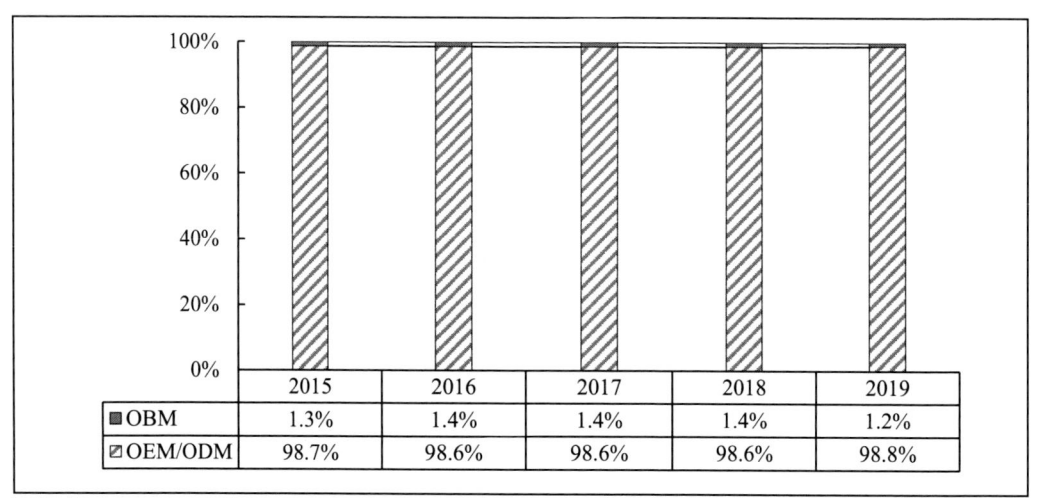

	2015	2016	2017	2018	2019
OBM	1.3%	1.4%	1.4%	1.4%	1.2%
OEM/ODM	98.7%	98.6%	98.6%	98.6%	98.8%

資料來源：資策會 MIC 經濟部 ITIS 研究團隊整理，2020 年 7 月

圖 4-8　2015-2019 年臺灣筆記型電腦產業業務型態別產量比重

（三）出貨地區分析

在筆記型電腦區域市場出貨方面，由於大型 PC 品牌在美中貿易戰期間拉高北美庫存水位，加上 HP 和 Dell 受惠於北美商用換機潮，連帶提升臺灣業者北美出貨量。西歐市場 2019 年經濟表現較弱，且 Lenovo 積極搶占西歐市場，雖然臺灣業者在西歐對利基市場強化布局，整體出貨量仍是下滑趨勢。

中國大陸市場以 Lenovo 為最主要品牌，2018 年因 Lenovo 收購聯寶所有股權，導致臺灣業者對中國大陸出貨下滑。2019 年臺灣業

者對中國大陸筆電出貨占比依然下滑，原因包含 Lenovo 逐步提高自製率，或委託中國大陸當地業者代工。再者，美中貿易戰對中國大陸經濟發展帶來負面衝擊，筆電市場顯現衰退趨勢，也衝擊臺灣業者出貨表現。其他亞洲國家方面，東南亞及南亞等地雖然匯率波動較大，但網路覆蓋率持續提高，電競需求亦是正向發展，不少民眾願意購買平價筆電，2019 年的出貨狀況出現正成長。

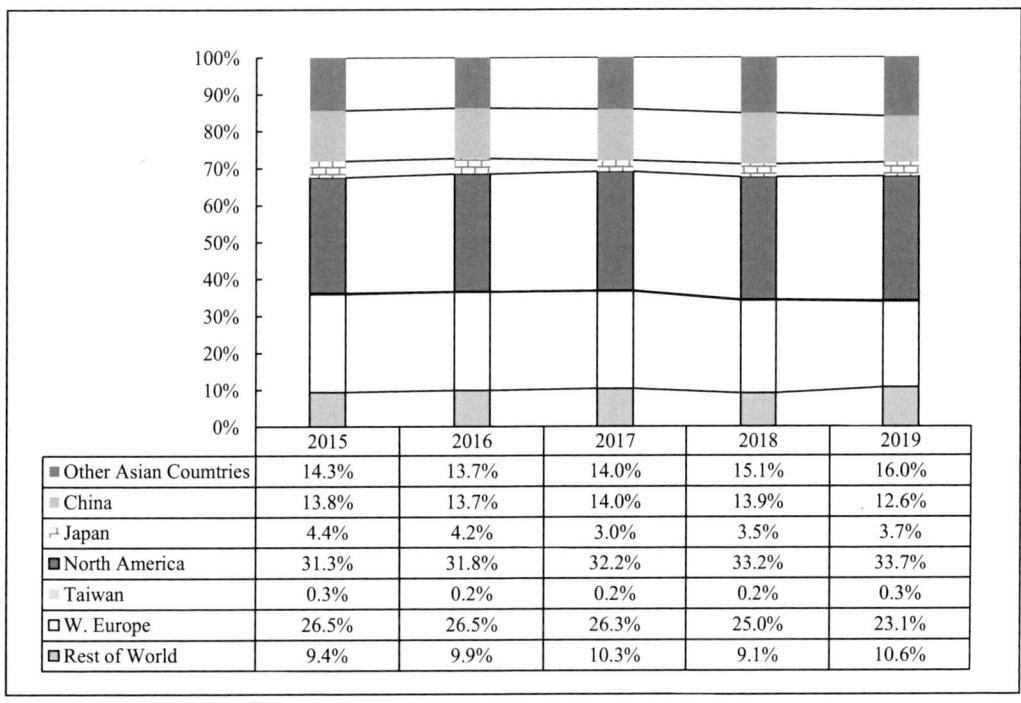

	2015	2016	2017	2018	2019
Other Asian Coumtries	14.3%	13.7%	14.0%	15.1%	16.0%
China	13.8%	13.7%	14.0%	13.9%	12.6%
Japan	4.4%	4.2%	3.0%	3.5%	3.7%
North America	31.3%	31.8%	32.2%	33.2%	33.7%
Taiwan	0.3%	0.2%	0.2%	0.2%	0.3%
W. Europe	26.5%	26.5%	26.3%	25.0%	23.1%
Rest of World	9.4%	9.9%	10.3%	9.1%	10.6%

資料來源：資策會 MIC 經濟部 ITIS 研究團隊整理，2020 年 7 月

圖 4-9　2015-2019 年臺灣筆記型電腦產業銷售地區別產量比重

（四）產品結構分析

輕薄筆電近年深受消費者喜愛，因技術的進步，筆電螢幕屏占比得以提高，並且採用 SSD 固態硬碟以維持較輕薄機身，故 12.x 吋與 13.x 吋的產品占比有增加的現象。

電競筆電有較多機率配備大尺寸螢幕，2019 年適逢多款 Turing 架構之 NVIDIA 行動 GPU 問世，包含 RTX 2080、RTX 2060、RTX

2070、GTX 1660 Ti、GTX 1650 等，不少電競筆電新品推出，帶動 2019 年 16.x 吋及以上螢幕之筆電占比升高。在低階電競筆電部分，則配合低階訴求朝向主流規格拓展。

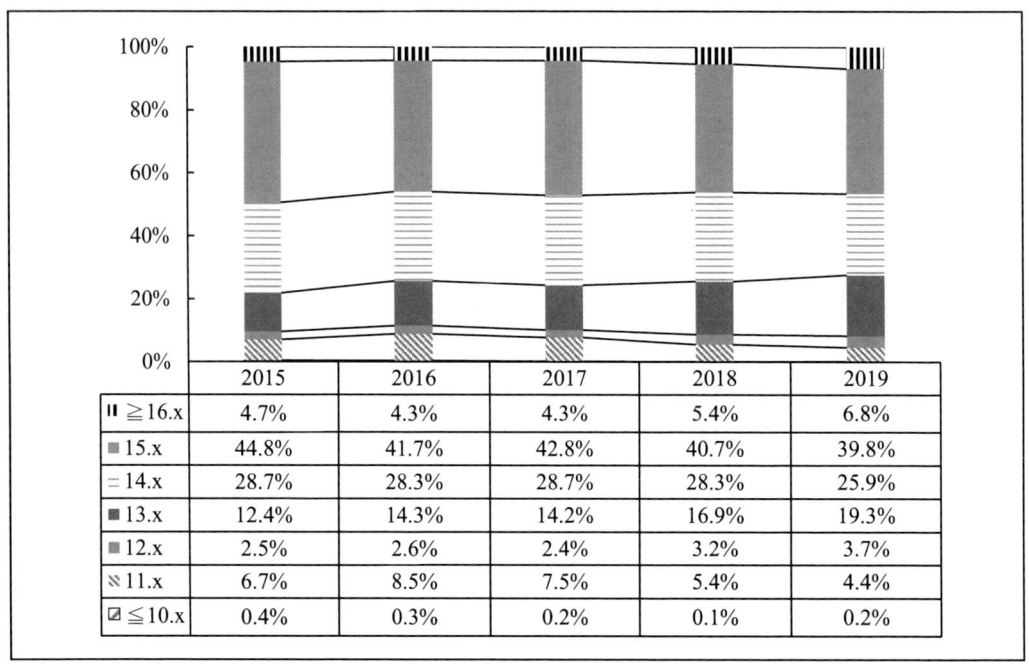

	2015	2016	2017	2018	2019
≥16.x	4.7%	4.3%	4.3%	5.4%	6.8%
15.x	44.8%	41.7%	42.8%	40.7%	39.8%
14.x	28.7%	28.3%	28.7%	28.3%	25.9%
13.x	12.4%	14.3%	14.2%	16.9%	19.3%
12.x	2.5%	2.6%	2.4%	3.2%	3.7%
11.x	6.7%	8.5%	7.5%	5.4%	4.4%
≤10.x	0.4%	0.3%	0.2%	0.1%	0.2%

資料來源：資策會 MIC 經濟部 ITIS 研究團隊整理，2020 年 7 月

圖 4-10　2015-2019 年臺灣筆記型電腦產業尺寸別產量比重

（五）發展趨勢分析

　　Intel 長期以來稱霸 PC CPU 產業，市占率大大高出排名第二的 AMD，因此 2018 與 2019 年 Intel CPU 供貨不足，造成部分機種無法出貨的窘境。Intel 無法按照既定時程順利量產 10 nm CPU，又恰逢商用換機潮商機出現，主流級 14 nm CPU 供應量不足，讓 AMD 有了提升市占率的機會。

　　AMD 向來以性價比為優勢，吸引 PC DIY 用戶選購，2019 年率先推出 7 nm 製程的桌上型電腦 CPU 與顯示卡，成功帶動話題；筆電部分則維持 12 nm 與 14 nm 製程，在 2019 年第二季時推出 Ryzen 7 Pro 3700U、Ryzen 5 Pro 3500U、Ryzen 3 Pro 3300U 以及 Athlon Pro

300U。雖然 AMD 自身供貨量有限，且大型品牌商對 AMD CPU 的穩定性依然持觀望態度，但在 Intel 持續缺貨的情況下，促進 PC 業者增加搭配 AMD CPU 的機種。AMD 方面也向系統製造商提出 CPU 供貨期的保證、產品保固等措施，最終 2019 年 AMD CPU 在筆電的市占確實有上升趨勢。

Intel 方面，2019 年 8 月 Intel 正式發布 10 nm 製程 Ice Lake U 以及 Ice Lake Y CPU，包含 Core i7、i5、i3 系列。Ice Lake CPU 最高可達 4 核心 8 線程並搭配 Iris Plus 64EU 內顯晶片，可支援 Wi-Fi 6（Gig+）無線連結，最大下行傳輸速度可望提高到 9.6Gbps，相較於現有 Wi-Fi 5（802.11ac）之 3.5Gbps 速度倍增。但 Ice Lake CPU 2019 年出貨量有限，主流級筆電仍是採用 14 nm CPU。

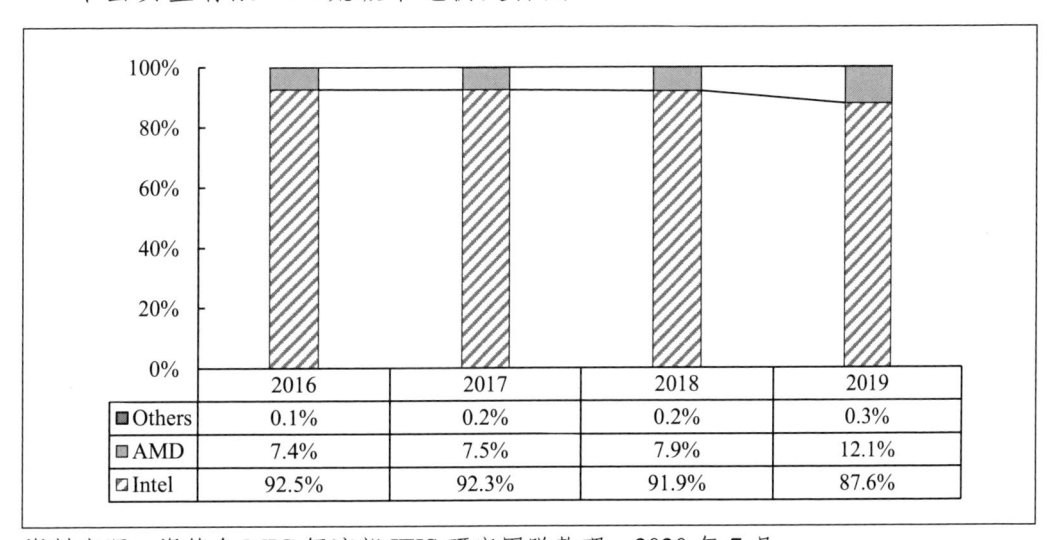

	2016	2017	2018	2019
Others	0.1%	0.2%	0.2%	0.3%
AMD	7.4%	7.5%	7.9%	12.1%
Intel	92.5%	92.3%	91.9%	87.6%

資料來源：資策會 MIC 經濟部 ITIS 研究團隊整理，2020 年 7 月

圖 4-11　2016-2019 年臺灣筆記型電腦產業產品平台型態

三、臺灣伺服器產業現況與發展趨勢分析

（一）產量與產值分析

2019 臺灣伺服器代工業務主要仍以完整度（Level）做為區隔，常見的有 Level 3 的主機板型態（Motherboard）、Level 6 的準系統型

態（Barebone）、Level 10 的系統型態（Full Sysyem）。細部定義而言，Level 10 系統型態為：主機板已安裝三大件（CPU、Memory、Storage），Level 6 準系統型態為主機板未安裝三大件（CPU、Memory、Storage），但有機殼、電源供應器、風扇、光碟機等配備，Level 3 主機板型態指主機板未安裝三大件（CPU、Memory、Storage），同時並無機殼、電源供應器、風扇、光碟機等配備。

檢視臺廠伺服器出貨型態，2019 年臺灣伺服器主機板出貨占比從 2018 年的 54.5%微幅上升至 54.7%，系統及準系統出貨占比則從 2018 年的 45.5%稍微下滑至 45.3%。變化的主因在於部分臺廠出貨轉型以主機板為主，藉此提高毛利表現。

以伺服器主機板出貨而言，較 2018 年上升 3.9%，達 521 萬片。以系統及準系統出貨而言，較 2018 年上升 3.1%，達 431 萬台，主機板與系統及準系統均表現成長，進一步分析，主因是資料中心大廠刺激臺灣伺服器代工出貨表現，另一方面企業用戶也仍維持固定支出。

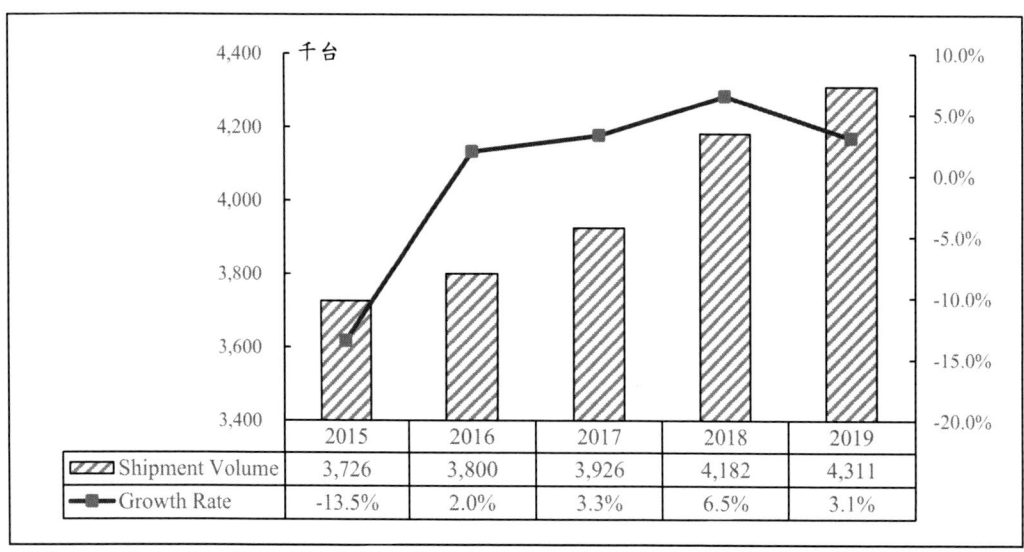

	2015	2016	2017	2018	2019
Shipment Volume	3,726	3,800	3,926	4,182	4,311
Growth Rate	-13.5%	2.0%	3.3%	6.5%	3.1%

備註：系統產品包含全系統和準系統產品出貨形式
資料來源：資策會 MIC 經濟部 ITIS 研究團隊，2020 年 7 月

圖 4-12　2015-2019 年臺灣伺服器系統產業總產量

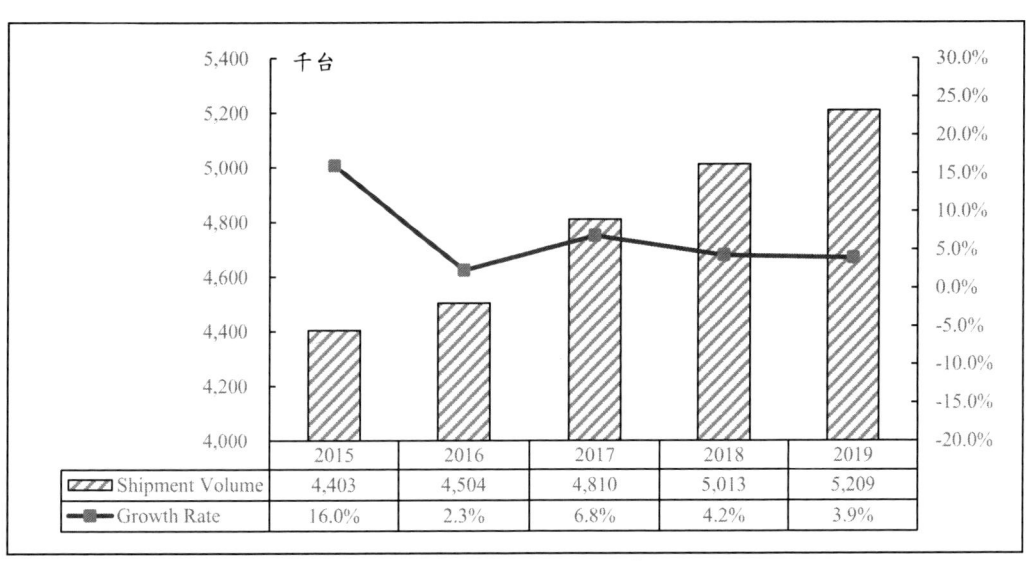

第四章　臺灣資訊硬體產業個論

年度	2015	2016	2017	2018	2019
Shipment Volume	4,403	4,504	4,810	5,013	5,209
Growth Rate	16.0%	2.3%	6.8%	4.2%	3.9%

資料來源：資策會 MIC 經濟部 ITIS 研究團隊，2020 年 7 月

圖 4-13　2015-2019 年臺灣伺服器主機板產業總產量

　　檢視臺灣伺服器產值狀態，由於資料中心客戶比重持續上升，而資料中心的伺服器訂單多以整機櫃為主，且採購高階的關鍵零組件，因此 2019 年系統與準系統之平均單價提升 3.1%，達到 2,510 美元，統計為 10,821 百萬美元。另一方面，主機板產值從 2018 年的 1,706 百萬美元提升至 1,737 百萬美元。合計 2019 年臺灣伺服器產值約 12,558 百萬美元，相比 2018 年成長了 5.6%，主因為出貨持續成長而帶動產值的提升，另一方面，人工智慧應用促進伺服器加速處理器的發展也提高了整體產業的產值表現。

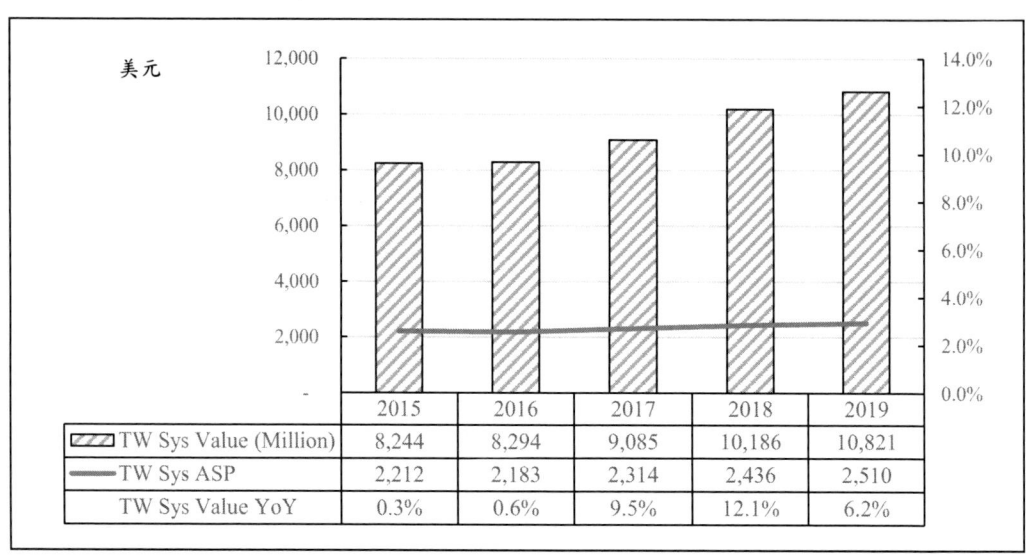

	2015	2016	2017	2018	2019
TW Sys Value (Million)	8,244	8,294	9,085	10,186	10,821
TW Sys ASP	2,212	2,183	2,314	2,436	2,510
TW Sys Value YoY	0.3%	0.6%	9.5%	12.1%	6.2%

備註：系統產品包含全系統和準系統產品出貨形式
資料來源：資策會 MIC 經濟部 ITIS 研究團隊，2020 年 7 月

圖 4-14　2015-2019 年臺灣伺服器系統產值與平均出貨價格

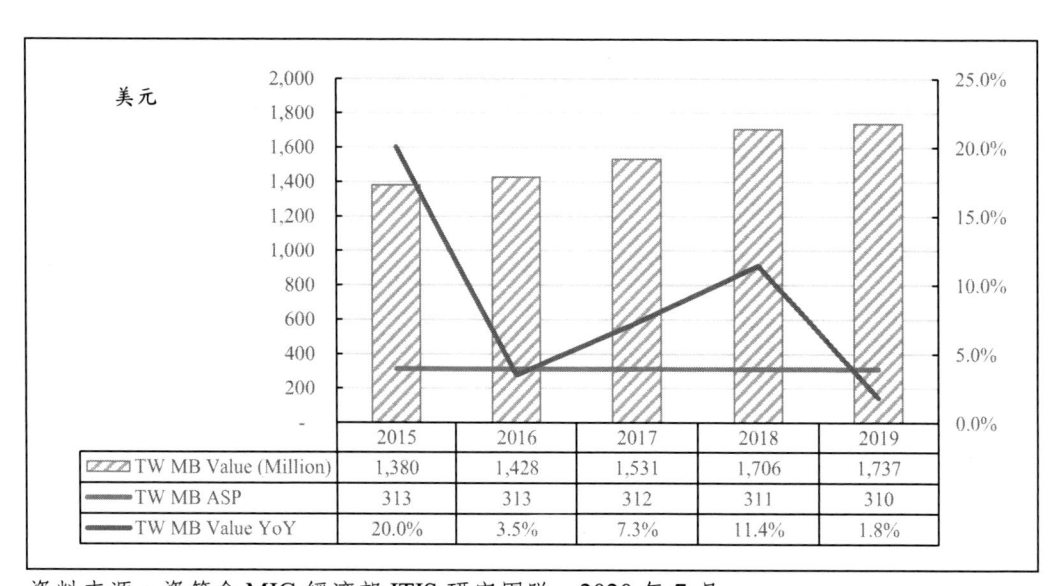

	2015	2016	2017	2018	2019
TW MB Value (Million)	1,380	1,428	1,531	1,706	1,737
TW MB ASP	313	313	312	311	310
TW MB Value YoY	20.0%	3.5%	7.3%	11.4%	1.8%

資料來源：資策會 MIC 經濟部 ITIS 研究團隊，2020 年 7 月

圖 4-15　2015-2019 年臺灣伺服器主機板產值與平均出貨價格

（二）業務型態分析

檢視臺灣伺服器業務型態，臺灣伺服器產業依據客戶族群，可概分為兩大類型，一為協助國際品牌大廠代工的業者，例如 HP、Dell EMC、Lenovo、IBM 等，臺灣代工廠主要有鴻海、英業達、緯創、廣達、和神達，另一則與網際網路服務業者（ISP）合作生產專屬客製化伺服器，以白牌或自有品牌模式出貨資料中心之業者，例如 AWS、Azure、GCP 等，臺灣代工廠主要有雲達、緯穎和泰安等。

2019 年白牌或自有品牌模式出貨資料中心之比重，相比代工國際品牌大廠上升，從 2017 年的 30%成長至 2018 年的 31.2%，2019 年更進一步提升至 32.7%。對於臺灣業者而言，白牌或自有品牌除了提供了更高的獲利，同時也提供了更彈性的商業模式，例如伺服器內部軟體設計等。值得注意的是，中國大陸與美國雙方的關係持續降溫，由於伺服器涉及國家資安層級的議題，臺灣伺服器代工產業鏈勢必得更加分散，除了確保上述的資訊安全，同時也能符合雙方供應鏈獨立的穩定性。

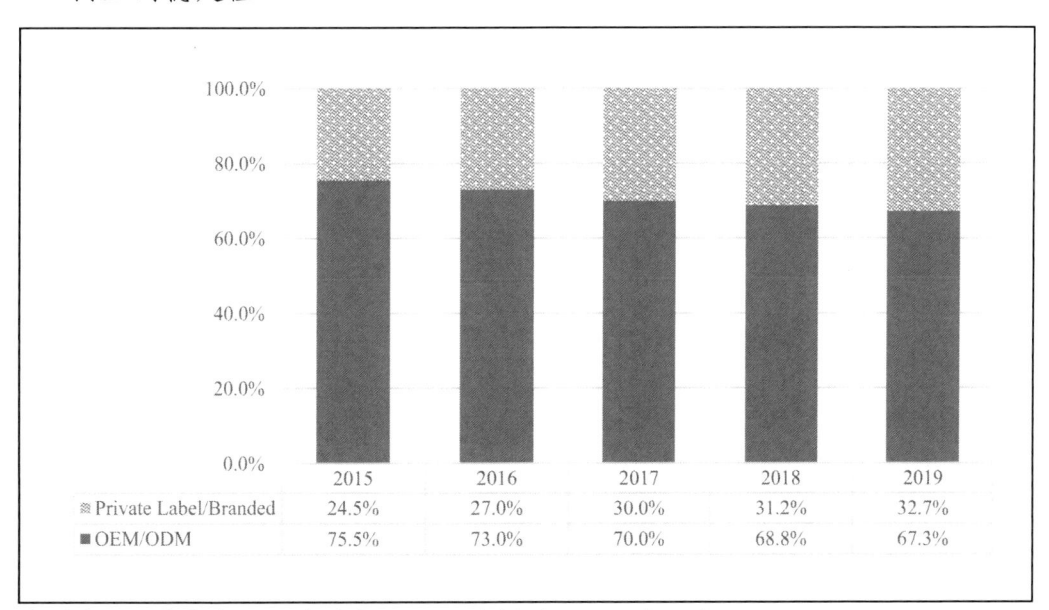

	2015	2016	2017	2018	2019
Private Label/Branded	24.5%	27.0%	30.0%	31.2%	32.7%
OEM/ODM	75.5%	73.0%	70.0%	68.8%	67.3%

資料來源：資策會 MIC 經濟部 ITIS 研究團隊，2020 年 7 月

圖 4-16　2015-2019 年臺灣伺服器系統產業業務型態別比重

（三）出貨地區分析

檢視臺灣伺服器出貨地區型態，與歷年相同，由於產品型態特點的關係，伺服器的製造生產流程大多是由中國大陸製造生產主機板或準系統後，寄送至主要市場附近關鍵集結地組裝為系統型態後出貨，關鍵集結地例如北美市場的墨西哥、歐洲市場的捷克等。

觀察各出貨地區狀況，北美比重從 2018 年的 34.2%下滑至 33.9%，主因為美超微（Super Micro Computer, Inc）的間諜處理器事件導致北美市場客戶於 2018 年提前拉貨，而降低了 2019 年的採購需求。中國大陸比重從 16.4%稍微下滑至 16.1%，主因為中美貿易戰導致採購預算銳減，而基礎設施的時程因此拉長，預估 2020 將回補，上述兩大市場的衰退促使其他地區的比重上升。

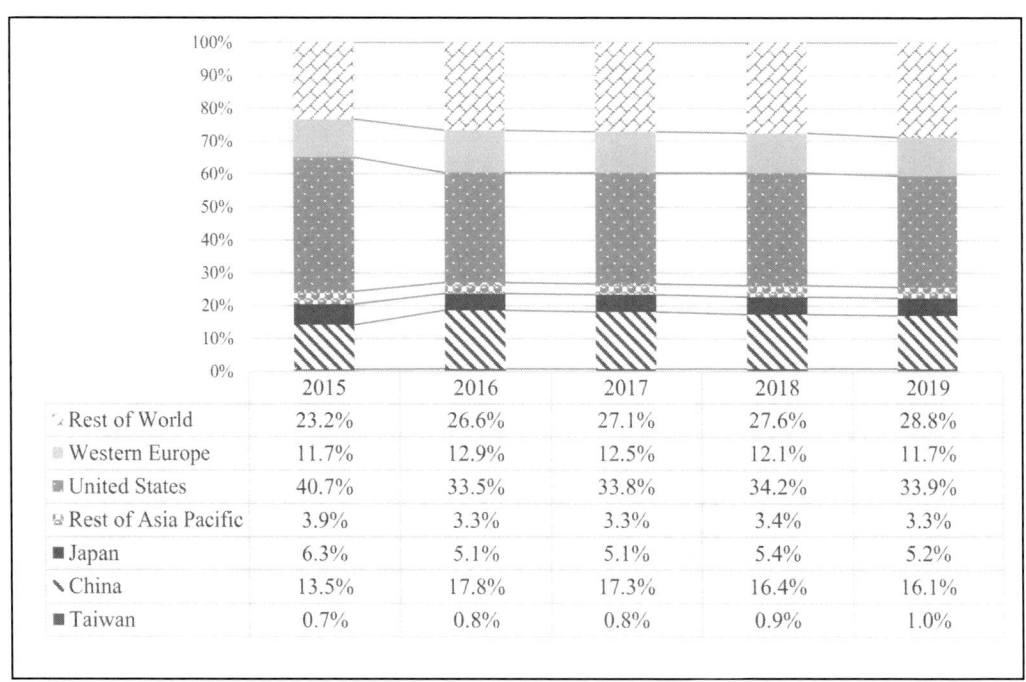

	2015	2016	2017	2018	2019
Rest of World	23.2%	26.6%	27.1%	27.6%	28.8%
Western Europe	11.7%	12.9%	12.5%	12.1%	11.7%
United States	40.7%	33.5%	33.8%	34.2%	33.9%
Rest of Asia Pacific	3.9%	3.3%	3.3%	3.4%	3.3%
Japan	6.3%	5.1%	5.1%	5.4%	5.2%
China	13.5%	17.8%	17.3%	16.4%	16.1%
Taiwan	0.7%	0.8%	0.8%	0.9%	1.0%

備註：系統產品包含全系統和準系統產品出貨形式
資料來源：資策會 MIC 經濟部 ITIS 研究團隊，2020 年 7 月

圖 4-17　2015-2019 年臺灣伺服器系統產業銷售區域比重

（四）產品結構分析

　　檢視臺灣伺服器產品結構型態，2019 年以 2U 與 1U 機架式（Rack）為主流，整體比重從 65.6%微幅上升至 65.8%，進一步觀察 2U 市場占有率從 36%下滑至 35.3%，1U 市場占有率從 29.6%下滑至 30.5%，兩者比重變化的主因在於雲端業者採購 1U 比重上升，藉此更加彈性調整資料中心配置。2019 年刀鋒式（Blade）比重從 17.5%上升到 17.7%，主因為企業用戶對於整合需求提升，藉此降低空間成本與維運效率的提升。塔式（Tower）比重逐年下滑，由於擴充彈性與整合性表現皆不如上述兩者，預估將逐漸被市場所淘汰。

　　值得注意的是其他類型（Other）其中的邊緣運算伺服器類型，由於低延遲運算市場需求逐漸抬頭，進而衍生出邊緣運算伺服器產品，其中繪圖處理器大廠 NVIDIA 除了在 2019 年 5 月推出伺服器邊緣運算平台 EGX，2019 年 10 月更提供基於 EGX 平台的開發工具 Aerial SDK，加速 EGX 拓展更多元的 5G 網路功能與人工智慧運算服務，鎖定的垂直應用場域包含了智慧城市、智慧工廠、智慧交通與智慧醫療等。

　　目前首度採用 NVIDIA 伺服器邊緣運算平台的廠商有通訊商 KDDI、伺服器軟體商 Red Hat、金融業 SoftBank 等，由於 EGX 相容性高，從 5 TOPS 運算能力的 NVIDIA Jetson Nano 往上擴增到 10,000 TOPS 運算能力的 NVIDIA T4，預期 NVIDIA 的邊緣運算生態系將伴隨著整體市場同步增長，也將帶給競爭廠商 Intel 與 AMD 更大的壓力。

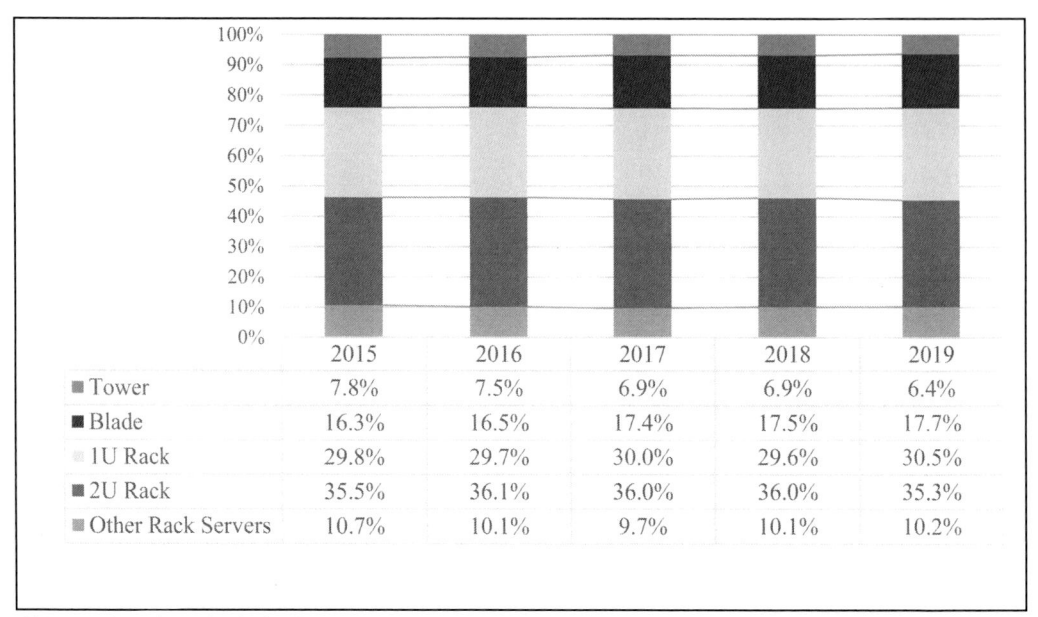

	2015	2016	2017	2018	2019
Tower	7.8%	7.5%	6.9%	6.9%	6.4%
Blade	16.3%	16.5%	17.4%	17.5%	17.7%
1U Rack	29.8%	29.7%	30.0%	29.6%	30.5%
2U Rack	35.5%	36.1%	36.0%	36.0%	35.3%
Other Rack Servers	10.7%	10.1%	9.7%	10.1%	10.2%

備註：系統產品包含全系統和準系統產品出貨形式
資料來源：資策會 MIC 經濟部 ITIS 研究團隊，2020 年 7 月

圖 4-18　2015-2019 年臺灣伺服器系統產業外觀形式出貨分析

（五）發展趨勢分析

2019 年臺灣伺服器產業重點發展趨勢，將在於遊戲串流服務即將上市，刺激未來的資料中心擴建需求。遊戲串流服務可將高品質的遊戲體驗，透過瀏覽器即時串流至各裝置間，交由資料中心支援運算任務。此解決方案已行之有年，例如 2015 年 NVIDIA 即推出 GeForce Now 平台。不同的是，如今行動裝置成為新的主流硬體之一，而遊戲串流服務首度跨入行動裝置類別中，同時支援智慧手機、平板電腦、筆記型主機、桌上型主機主流裝置。此外，眾多大型雲端廠也即將在 2020 年推出平台，包括 Microsoft 的 Project xCloud 與 Google 的 Stadia 等。

值得關注的是，遊戲串流服務除了打開新的雲端市場增加營收之外，勢必得擴建資料中心增加成本。對於資料中心長期藍圖而言，預期將扮演新的一波成長動能，除了帶動伺服器出貨規模，多節點（Multinode）產品類別占整體比重也將因此上升。

四、臺灣主機板產業現況與發展趨勢分析

（一）產量與產值分析

　　2019 年臺灣主機板產量達 8,197 萬片，年成長率為-0.5%。臺灣主機板產業發展成熟，不過消費者對主機板的需求量已逐漸減少，主機板的主要供應來源已集中於大廠。臺灣一線主機板大廠包含鴻海、緯創等 PC 代工業者，訂單來源為 HP、Dell、聯想等大廠，主機板出貨量隨桌上型電腦需求波動；臺灣主機板自有品牌大廠則包含華碩、技嘉、微星等，主要關注重點在電競及 PC DIY 使用者，近年持續提高高階主機板的比重以提高毛利。此外，從 2019 年年中的 Computex 開始，CPU、GPU 大廠結合 PC 業者力推 PC 新話題「創作者（Creator）市場」，瞄準高規格電腦需求的使用者，包含需要專業美工、影片剪輯、繪圖、影音內容創作等，藉此機會持續帶動高階主機板市場的發展機會。國際情勢方面，美中貿易戰從 2018 年開打，2019 年 5 月美中貿易戰將中國大陸商品輸美課徵的關稅從 10%上調至 25%，影響範圍包括桌機、主機板等產品的銷售毛利，因而讓臺灣主機板品牌業者成本增加且間接衝擊市場銷售價格。

　　產值方面，2019 年臺灣主機板產值為 4,237 百萬美元，年成長率 7.7%。主要受惠於商用和電競桌機 ASP 較高、Intel 與 AMD 下半年主機板高階產品與新品的推出，以及因美中貿易戰而拉升的產品售價等原因，致使 2019 年之臺灣業者出貨 ASP 高於 2018 年。

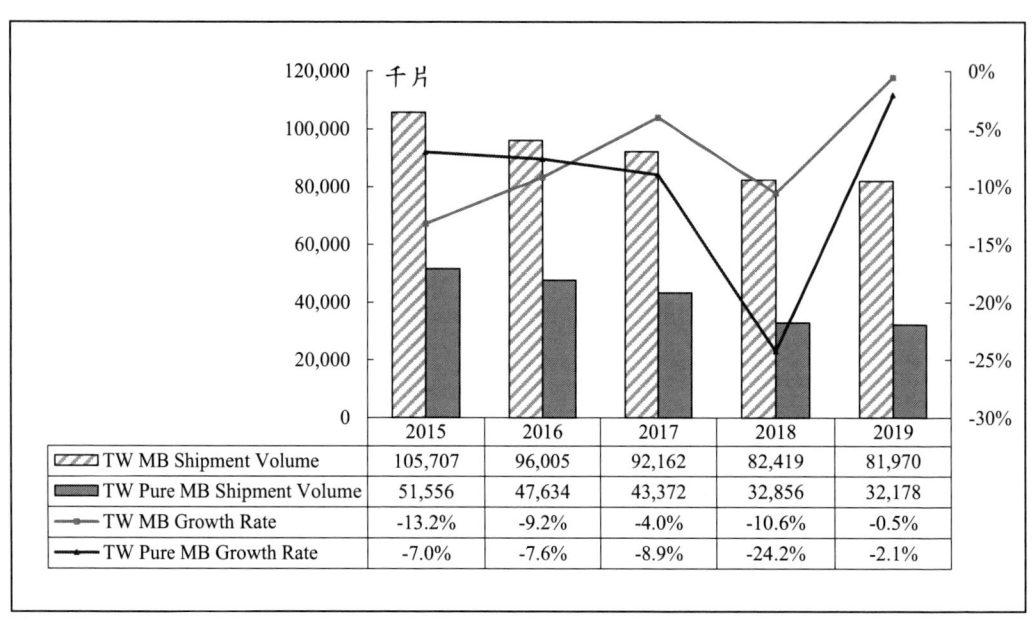

	2015	2016	2017	2018	2019
TW MB Shipment Volume	105,707	96,005	92,162	82,419	81,970
TW Pure MB Shipment Volume	51,556	47,634	43,372	32,856	32,178
TW MB Growth Rate	-13.2%	-9.2%	-4.0%	-10.6%	-0.5%
TW Pure MB Growth Rate	-7.0%	-7.6%	-8.9%	-24.2%	-2.1%

資料來源：資策會 MIC 經濟部 ITIS 研究團隊，2020 年 7 月

圖 4-19　2015-2019 年臺灣主機板產業總產量

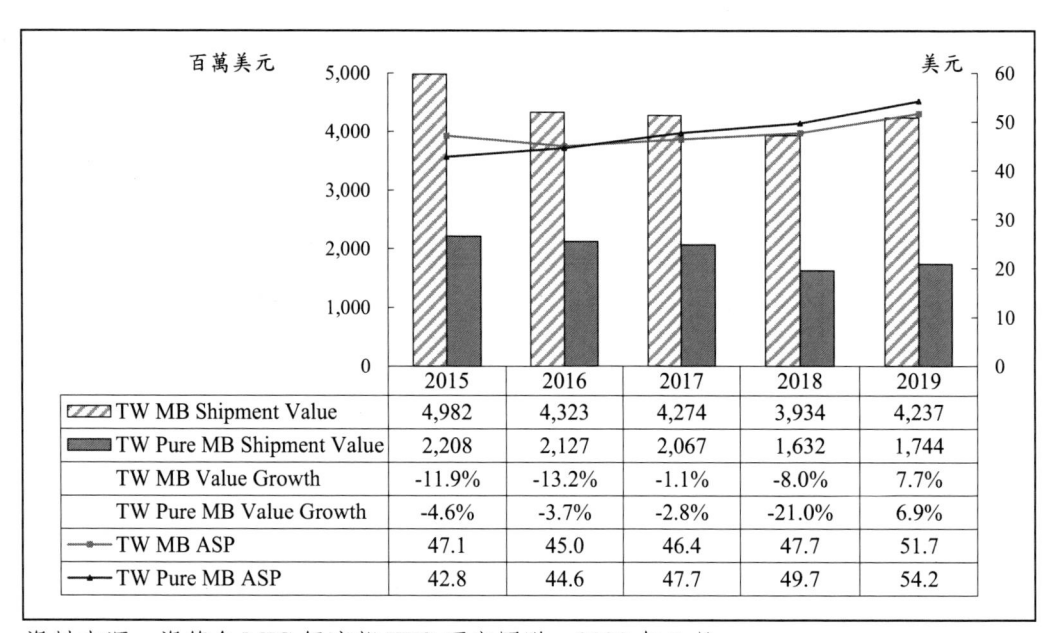

	2015	2016	2017	2018	2019
TW MB Shipment Value	4,982	4,323	4,274	3,934	4,237
TW Pure MB Shipment Value	2,208	2,127	2,067	1,632	1,744
TW MB Value Growth	-11.9%	-13.2%	-1.1%	-8.0%	7.7%
TW Pure MB Value Growth	-4.6%	-3.7%	-2.8%	-21.0%	6.9%
TW MB ASP	47.1	45.0	46.4	47.7	51.7
TW Pure MB ASP	42.8	44.6	47.7	49.7	54.2

資料來源：資策會 MIC 經濟部 ITIS 研究團隊，2020 年 7 月

圖 4-20　2015-2019 年臺灣主機板產業產值與平均出貨價格

（二）業務型態分析

　　針對本身具備產能之臺灣主機板業者進行統計，OEM／ODM 為最主要的業務型態，2019 年比重達 73.3%，較 2018 年微幅下降。Intel CPU 缺貨事件 2019 年已陸續好轉，加上受惠於 2019 年多款電競新品的推出帶動市場需求，OBM 比重來到 26.7%。臺灣部分業者均有經營自有品牌，如技嘉、微星等，品牌及研發能力皆有不錯基礎，2019 年電競與創作者議題備受關注，因其對效能、穩定度等要求較高，帶動高階主機板市場的需求表現。

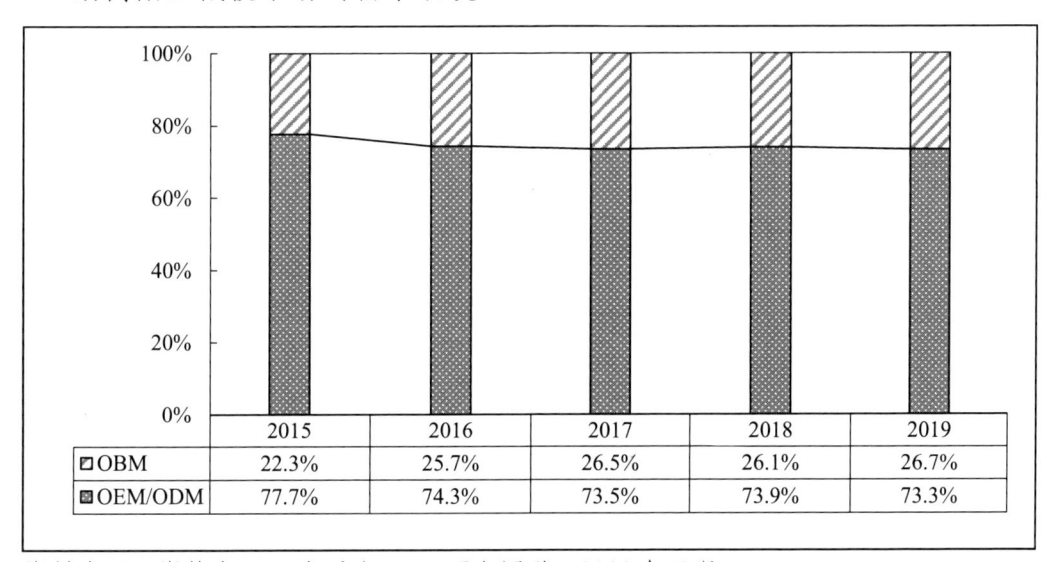

	2015	2016	2017	2018	2019
OBM	22.3%	25.7%	26.5%	26.1%	26.7%
OEM/ODM	77.7%	74.3%	73.5%	73.9%	73.3%

資料來源：資策會 MIC 經濟部 ITIS 研究團隊，2020 年 7 月

圖 4-21　2015-2019 年臺灣主機板產業業務型態

（三）出貨地區分析

　　中國大陸為臺灣主機板業者最主要出貨地區，2019 年占比為 31%，相較 2018 年表現微幅衰退。亞太地區為第二大的出貨占比，出貨來到 21.6%，主因為東南亞為近年電競市場發展最快的地區，消費者為節省花費可能自行 DIY 桌機，進而帶動主機板市場的需求提升。北美地區為臺灣主機板產業第三大出貨地點，主因為 Win 10 商

用換機潮,加上美中貿易戰關稅調升,致使中國大陸進口之主機板需收取 25%關稅,使得臺灣業者出貨增加,因此 2019 年出貨量上升。

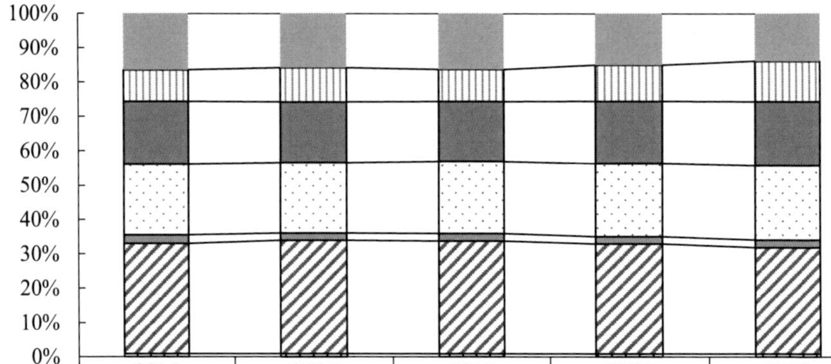

	2015	2016	2017	2018	2019
Rest of World	16.5%	15.9%	16.4%	15.1%	13.9%
W. Europe	9.2%	9.9%	9.3%	10.5%	11.8%
North America	18.2%	17.6%	17.4%	18.1%	18.6%
Asia/Pacific	20.6%	20.5%	21.0%	21.3%	21.6%
Japan	2.5%	2.1%	2.2%	2.1%	2.2%
China	32.1%	33.0%	32.8%	32.0%	31.0%
Taiwan	0.9%	0.9%	0.9%	0.9%	0.9%

資料來源:資策會 MIC 經濟部 ITIS 研究團隊,2020 年 7 月

圖 4-22　2015-2019 年臺灣主機板產業出貨地區別產量比重

(四)產品結構分析

從 2018 下半年開始 Intel 14 nm 產能不足問題持續至 2019 年,所幸 14 nm 處理器缺貨較 2018 年緩和,Intel 市占下滑程度較 2018 年低。反觀 AMD 則趁此機會推出數款 CPU 新品,包含 7 nm 工藝打造的第三代 Ryzen、Ryzen Threadripper CPU 以及 RX5700XT 顯示卡,藉以吸引無法購得 Intel CPU 的 PC DIY 用戶轉而使用 AMD,帶動 AMD CPU 的市占率提升,臺灣業者的 AMD 主機板出貨量也提升至 25.3%。

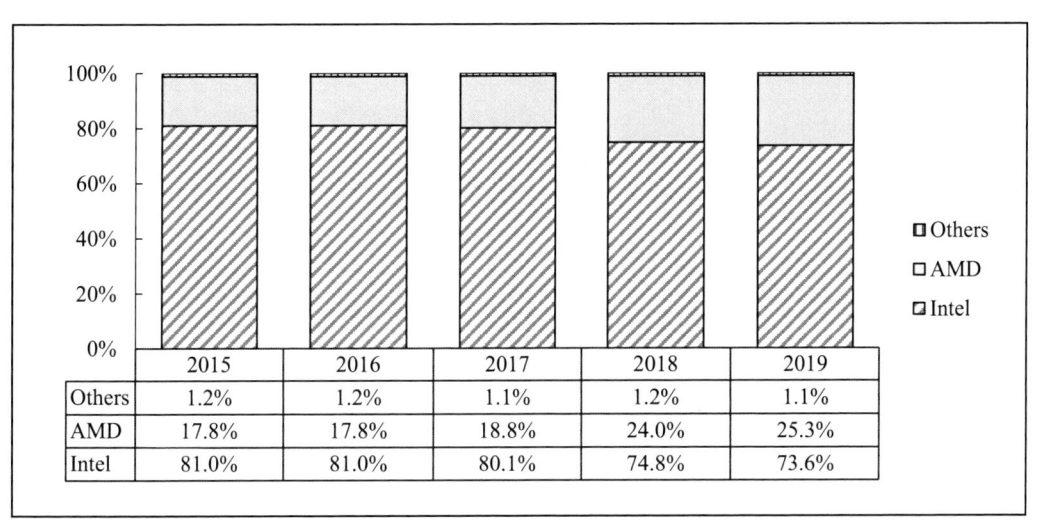

	2015	2016	2017	2018	2019
Others	1.2%	1.2%	1.1%	1.2%	1.1%
AMD	17.8%	17.8%	18.8%	24.0%	25.3%
Intel	81.0%	81.0%	80.1%	74.8%	73.6%

資料來源：資策會 MIC 經濟部 ITIS 研究團隊，2020 年 7 月

圖 4-23　2015-2019 年臺灣主機板產業分析（處理器採用架構）

（五）發展趨勢分析

　　主機板產業在缺乏重大應用驅動需求的情況下，由於消費者大多偏好使用筆電與行動裝置，故桌機逐年衰退趨勢明顯。首先探討半系統及全系統的主機板的部分，受惠於 Win10 商用換機潮的支撐，成為半系統及全系統主機板出貨動力。純主機板部分，因桌機 DIY 市場逐年衰退，臺灣業者除了原有的中低階產品外，更加重視高毛利產品的研發，提升高階主機板比重以維持公司獲利，此類產品包括高階電競、商用桌機及創作者應用等。2019 年出現的創作者 PC 市場新話題，注重高效能、高穩定度等運算能力的要求，為高階主機板市場帶來發展機會。至於電競部分，顯示卡更新是電競市場關注重點，其中，有無硬體效能要求高的爆紅遊戲大作發行，對品牌商同樣有重要影響。

第五章 焦點議題探討

本章新興議題主要探討資訊硬體產業於 2019 年發展之重要議題，受到數位匯流、物聯網、大數據應用等趨勢影響，資訊產業的發展與時俱進；而受惠於相關通訊技術的精進、零組件微型化及相關感測技術日益精進，近年已見相關應用持續出現，也成為引領資訊產業相關業者轉型的重要動能。

本章將針對資訊產業發展趨勢下之重要議題進行探討，包括邊緣運算、智慧醫療、人工智慧、雲端應用等新興議題，以協助政府與業者掌握未來可能影響資訊硬體產業發展之關鍵因素。

一、邊緣運算伺服器發展趨勢

（一）邊緣運算伺服器功能位階

1. 邊緣運算伺服器定義範疇

邊緣運算伺服器（Edge Server）產品出現，主要回應邊緣運算（Edge Computing）的技術架構需求。回顧全球相關業者對於產品的陳述，其產品的定義範疇可歸納為：「部署在靠近數據生成現場的本地伺服器，可針對本地數據（Field Data）進行即時性擷取、運算與儲存，同時也可以靈活執行源自遠端或雲端的軟體與程式，回應本地的異質性需求，提供可彈性化擴充（Scalability）、低延遲率的網路運算服務」。

藉由相關產品來看，雖然全球目前對於邊緣運算伺服器的產品定位尚未明確。然而，分析共同點可初步歸納三項要素：第一，邊緣運算伺服器與傳統本地伺服器的差異，在於邊緣運算伺服器的產品背後，具有雲端、邊緣、終端設備構成的基本聯網環境；第二，邊緣運算伺服器必須具備運算、儲存能力，針對本地進行即時性（Real Time Analysis）分析之外，也必須針對不同數據特徵，如資料儲存容

量、網路延遲率類型（Latency Type）進行分類、分派等預先處理（Preprocessing）；第三，邊緣運算伺服器可以執行來自雲端的虛擬容器（Container）、機械學習推論（Inference），並且將終端的數據進一步藉由聯網環境，傳送至雲端、邊緣端進行訓練、更新與驗證。

2. 邊緣運算伺服器架構位置

延續上述要素，藉由邊緣運算的一般性架構，可更加釐清邊緣運算伺服器所處階層，並且可以藉由整體性的架構，來思考邊緣運算伺服器的產品定位與功能區分。

藉由運算節點與數據生成位置的關係、網路通訊（內網、公網），以及一般於物聯網場域常見「營運技術（Operational Technology）」與「資訊技術（Information Technology）」的區分來看，邊緣運算可以進一步分為「四個階層」，而此四個階層彼此有著高度的互動與關聯性。

階層一（Stage 1）為終端設備，也就是數據生成的端點，在此一階層中，擁有眾多異質化的設備與通訊協定，會隨著使用情境的不同，而存在的數據頻寬、「延遲率」容忍程度、信賴需求程度的差異；階層二（Stage 2），則是數據生成之後前緣接收的設備端點，又被稱為是「近終端」的位置，在此一階層中，主要路由器、閘道器（Gateway）、控制器（Controller）構成，主要扮演數據路徑選擇與向上的連結；階層三（Stage 3）則是屬於邊緣運算伺服器所處的位置，作為下方數據預先處理（Preprocessing）的節點，也扮演連結雲端、大量數據資料安全移轉與傳輸的功能；階層四（Stage 4）則以進入大型、遠端的雲端運算、儲存的環境。

這四個階層，主要仍延續了硬體設備的「垂直（Hierarchy）」階層所提出的定位，也針對不同產品所對應的位階、關係進行了明確的說明。

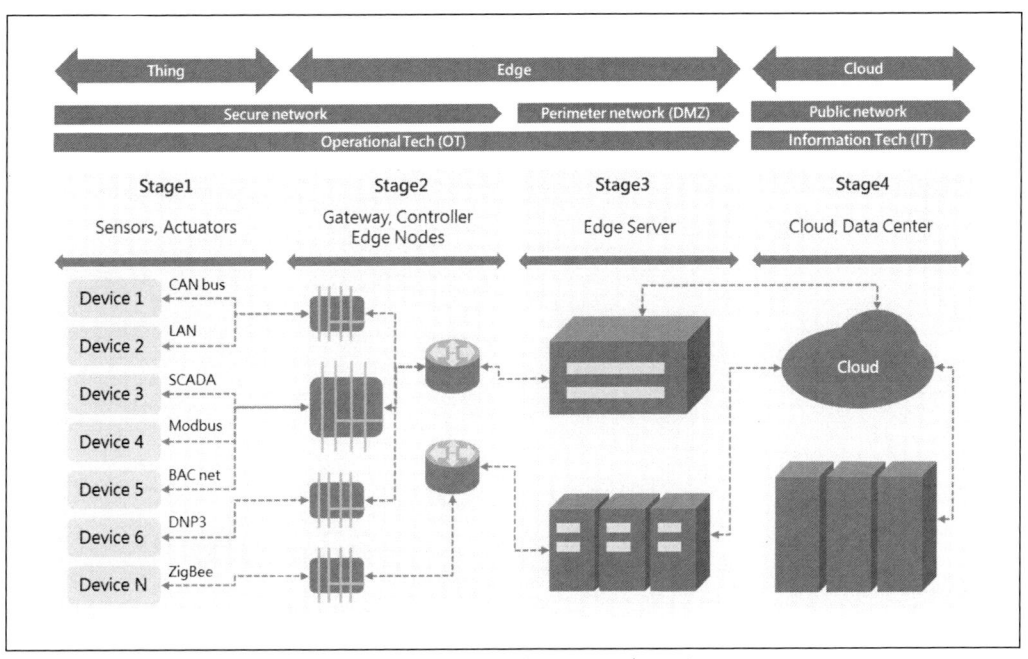

資料來源：資策會 MIC 經濟部 ITIS 研究團隊，2020 年 7 月

圖 5-1　邊緣運算一般架構與四個階層

3. 邊緣運算伺服器功能介面

　　邊緣運算有別於傳統雲端運算的最重要特質為：「分散式」的運算與儲存體系，相較於中心化、垂直型的運算架構，邊緣運算在資料的分派與處理，呈現更為多元，並且諸多功能發生於「水平（Flat）」或「對等」階層的資料交換（Transaction）。

　　彙整邊緣運算伺服器的定義範疇、階層架構之後，可以發現邊緣運算並非僅代表運算的位置從雲端降至終端，事實上邊緣運算仍需要仰賴雲端運算的基礎環境，則背後所代表的是「雲端、邊緣、近終端、終（物）端」的智慧聯網情境，因此，也可以認知邊緣運算事實上即是雲端運算、公用運算為了適應「異質物聯網」的變異型，這也是何以邊緣運算相關的產品，會強調自身具備彈性、「可擴充（Scalability）」特性。

然而，如果我們進一步從邊緣運算伺服器的定義範疇、一般性架構來進行觀察，可以發現如果要詳細釐清邊緣運算伺服器具體的「功能特徵」，則必須要從它在智慧聯網的基礎環境「關係」、「介面（Interface）」才可以更清晰理解邊緣運算伺服器與傳統地方型伺服器的差異，並且釐清邊緣運算伺服器之於智慧聯網的功能。

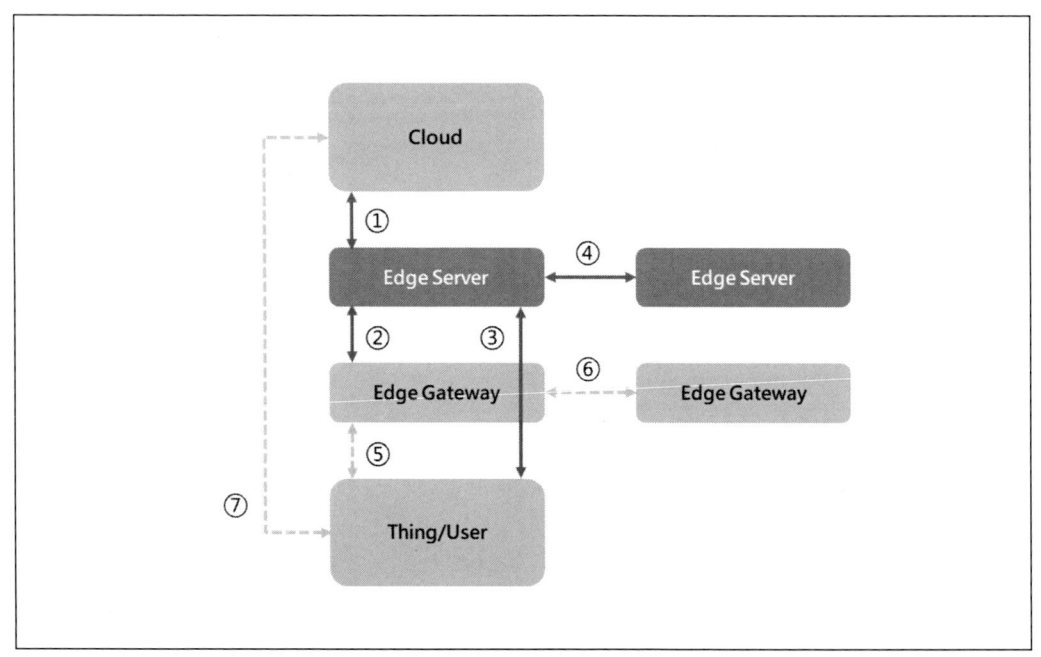

資料來源：資策會 MIC 經濟部 ITIS 研究團隊，2020 年 7 月

圖 5-2　邊緣運算產品的七種功能介面

　　觀察邊緣運算功能介面，參考邊緣運算一般性架構，將「邊緣節點（Edge Node）」分為：「邊緣運算伺服器（Edge Server）」、「邊緣運算閘道器（Edge Gateway）」兩個階層，並可將邊緣運算進一步區分為「七種介面」。

　　功能介面 1：Cloud to Edge Server。雲端至邊緣伺服器的介面，主要可分為兩項功能：第一，邊緣運算伺服器向上將大量的資料數據「遷移」至雲端伺服器或數據中心，進行「資料遷移」，而資料量會因為不同的情境而有差異，因此須針對資料特性進行分類；第二，雲端平台「遷移」應用程式或「微服務」（Micro-service）至邊緣運算伺

服器執行，而邊緣運算伺服器也成為—「容器（Container）」「堆棧（Stack）」的位置。從上述兩種功能來看，此一介面是在「垂直（Hierarchy）」層級關係之中，進行資料、微服務的遷移。

功能介面 2：Edge Server to Edge Gateway。邊緣運算伺服器至邊緣運算閘道器的介面，主要可分為兩項功能：第一，伺服器整合多個閘道器所向上傳送資訊與數據，在特定範圍的區域網路（Local Area Network）之內形成內部網路，並且形成封閉型的運算系統；第二，伺服器匯聚數據進行即時性分析，再向下傳送至不同的閘道器渠道，進行分派、分流，控制終端的智慧化設備，或使終端使用者獲得即時分析的結果，進行排程、任務處理。從上述兩種功能來看，此一介面是在「垂直（Hierarchy）」層級關係之中，在近終端進行資訊與指令分派。

功能介面 3：Edge Server to Thing。邊緣運算伺服器至終端、物端的介面，主要可分為兩項功能：第一，邊緣運算伺服器與終端設備，在特定範圍的區域網路（Local Area Network）之內，直接進行連結，伺服器與終端之間未有閘道器、路由器進行路徑分派，一般而言，終端設備的異質性較低，且僅有一個或較少的服務商或利害關係人；第二，邊緣運算伺服器由判斷數據的服務品質（Quality of Service），部分進行即時性處理。從上述兩種功能來看，此一介面是在「垂直（Hierarchy）」層級關係之中，在終端進行資訊與指令執行。

功能介面 4：Edge Sever to Edge Server。邊緣運算伺服器至邊緣運算伺服器的介面，主要可分為兩項功能：第一，資料同步化，尤其是同階層伺服器在離線（Offline）、缺乏集中運算的端點的情境之下，仍可以進行資料同步化更新、修改，為因應終端即時性分析的需求，同步化的時間必須更短；第二，運算資源的分享，這包含彼此的通聯，以及運算資源的取用邏輯，而形成一個去中心化運算系統。從上述兩種功能來看，此一介面是在「水平（Flat）」層級關係之中，進行分散式的運算、連結與儲存，以形成分散式系統（Distributed System）。

功能介面 5：Edge Gateway to Things。邊緣運算閘道器至終端、物端的介面，主要分為兩項功能：第一，邊緣運算閘道器為近終端「處

理政策（Processing Policy）」節點，部分亦作為可程式化邏輯控制器（Programmable Logic Controller, PLC），在特定範圍的區域網路（Local Area Network），分派終端所向上傳輸的資訊與數據，並且扮演第一線的數據監控功能；第二，承接伺服器或者雲端所傳送的指令，分派至終端執行。從上述兩種功能來看，此一介面是在「垂直（Hierarchy）」層級關係之中，分派雲端、邊緣的資訊與指令。

　　功能介面6：Edge Gateway to Edge Gateway。邊緣運算閘道器至邊緣運算閘道器的介面，主要分為兩項功能：第一，閘道器可作為存取點（Point of Access），允許特定客戶（Client）在不同閘道器進行相互的存取，一般而言，終端設備的異質性較高，且不僅有一個服務商，也涉及閘道器間協議（Gateway-to-Gateway Protocol, GGP）；第二，會隨著終端設備數據特徵、需求，邊緣運算閘道器可以隨時進行調整，藉由協議政策選擇渠道。從上述兩種功能來看，此一介面是在「水平（Flat）」層級關係中，進行資訊、服務的互相通聯與管理。

　　功能介面7：Cloud to Things。雲端至終端、物端的介面，主要可分為兩項功能：第一，終端設備的資訊與數據直接傳輸至雲端進行運算、儲存與分析，雲端即數據分析等服務的端點；第二，雲端平台所形成的資訊與指令，直接分派至不同的終端，雲端與終端之間未有閘道器、路由器以及邊緣運算伺服器等邊緣節點（Edge Node）可作為預處理中介，屬於單層級的運算架構，在終端數據大量生成的情境，亦可能造成數據雍塞。從上述兩種功能來看，此一介面是在「垂直（Hierarchy）」層級關係之中，在終端進行資訊與指令執行。

　　說明「邊緣運算產品的七種功能介面」的架構與功能，可進一步歸納邊緣運算伺服器產品最相關的四個「功能介面」有：介面1，雲端至邊緣伺服器（Cloud to Edge Server）、介面2，邊緣運算伺服器至邊緣運算閘道器（Edge Server to Edge Gateway）、介面3，邊緣運算伺服器至終端、物端（Edge Server to Thing）以及介面4，邊緣運算伺服器至邊緣運算伺服器（Edge Sever to Edge Server）。藉由功能介面進行觀察，可以發現邊緣運算伺服器產品會隨不同服務情境，進行彈性化、多層級的擴充與調整，意味終端設備雜異化，進一步改變雲

端運算架構,因而催生出邊緣運算伺服器等產品,呈現出更為多元化、分散化、客製化與細緻化的產業生態系。

(二)邊緣運算伺服器產品分析

彙整邊緣運算伺服器布局業者聚焦的情境、策略之後,再嘗試針對布局業者產品進行分析,有助於瞭解產品發展趨勢。由於布局業者所提出的產品數量、型態皆不甚相同,倘若布局業者擁有的產品不僅一項,而是屬於多項,或者是屬於「產品家族(Product Family)」者,則將先行比較其產品設計規格(Product Design Specification),挑選出屬於一般性、表現與功能屬中階規格的產品進行比較分析。

進行比較的產品為:HPE 挑選 Edgeline EL1000;AWS Snowball Edge 挑選 Snowball Edge Compute Optimized;Cisco 挑選 HyperFlex HX-E-220M5SX Edge Node;Advantech Edge Intelligence Server 挑選 EIS-D150;Dell 挑選 PowerEdge R740;Nokia 挑選 AirFrame open edge server;Huawei 挑選 Atlas G2500;Quanta 挑選 QuantaGrid SD2H;Lenovo 挑選 ThinkSystem SE350;NVIDIA 挑選 Tesla T4 企業伺服器。

表 5-1 邊緣運算伺服器產品發表企業

Code	Company	Product / Family	Published Time	Application & Scenario
HP	HPE	Edgeline (F)	Q2, 2016	Multiple IoT infra
AM	AWS	Snowball Edge (F)	Q4, 2016	Offline Cloud Service
CS	Cisco	HyperFlex Edge (F)	Q2, 2017	Remote Office Infra
AV	Advantech	Edge Intelligence (F)	Q2, 2017	Industrial Control System
DE	Dell EMC	PowerEdge (F)	Q3, 2017	Multiple IoT infra
NK	Nokia	Airframe (P)	Q2, 2018	5G, LTE Station
HW	Huawei	Atlas G2500 (P)	Q4, 2018	Intelligent Video Analytics

Code / Company		Product / Family	Published Time	Application & Scenario
QT	Quanta	QuantaGrid SD2H (F)	Q1, 2019	5G, LTE Station
SM	Supermicro	SuperServer (F)	Q1, 2019	Edge AI & 5G
LN	Lenovo	ThinkSystem SE350 (P)	Q1, 2019	Civil IoT
NV	NVIDIA	Tesla T4 (P)	Q2, 2019	Edge AI, Computer Vision

資料來源：資策會 MIC 經濟部 ITIS 研究團隊整理，2020 年 7 月

1. 邊緣運算伺服器運算核心

確認產品之後，將針對其核心處理器（Processor）、操作系統（Operating Systems）與平台（Platform）、通訊連結解決方案（Connectivity Solution）等進行分析。

回顧布局業者邊緣運算伺服器產品所選用的處理器（Processor），多數產品採用 Intel Xeon D 系列的處理器，Intel Xeon D 在 Intel 的產品陳述中，由於具有可以在受限的空間、電力的情境之下，提供工作負載最佳化的效能，並且可提供資料中心、終端設備使用，包括雲端服務提供商、電信服務提供商、伺服器主機託管服務商即是該項處理器產品鎖定的客群。Intel Xeon D 系列產品多受到邊緣運算伺服器採用，也反映出邊緣運算、智慧聯網為情境的應用服務，無論是雲端或者電信服務提供商，皆必須持續擴充終端設備效能之外，也考量環境限制，以讓產品具備「低功耗」特質。除了 Intel Xeon D 系列的處理器之外，包括 Huawei、NVIDIA 則採用了 NVIDIA Tesla 系列產品，主要是用以支援電腦視覺（Computer Vision）相關的圖像或影像分析（Video Analytics）服務。除了 Huawei、NVIDIA 之外，AWS 也於 2018 年 11 月在原 Snowball Edge 產品之中，提出可以新增 NVIDIA Tesla 的選項。

表 5-2　邊緣運算伺服器運算核心比較

Code	Product / Family	Processor / Family	Storage	Memory
HP	Edgeline (F)	Intel Xeon® D	4 TB (Max)	#
AM	Snowball Edge (F)	Intel Xeon® D	80 TB (Max)	#
CS	HyperFlex Edge (F)	Intel Xeon® E5	64 TB (Max)	32GB*24 (1066 MHz)
AV	Edge Intelligence (F)	Intel Core™ i7	16 GB	4GB DDR3L (1600 MHz)
DE	PowerEdge (F)	Intel Xeon® (F)	80 TB (Max)	16GB*12 (2666 MHz)
NK	Airframe (P)	Intel Xeon® SP	1.92 TB (Max)	32GB*8 (2933 MHz)
HW	Atlas G2500 (P)	NVIDIA Tesla P4	96 TB	32GB*12 (2400 MHz)
QT	QuantaGrid SD2H (F)	Intel Xeon® D	256 GB	512GB (2666 MHz)
SM	SuperServer (F)	Intel Xeon® D	720 GB	512GB (2666 MHz)
LN	ThinkSystem SE350 (P)	Intel Xeon® D	16TB	256GB (2666 MHz)
NV	Tesla T4 (P)	NVIDIA Tesla T4	#	#

資料來源：資策會 MIC 經濟部 ITIS 研究團隊整理，2020 年 7 月

　　綜合上述觀察，邊緣運算伺服器在一般性的智慧聯網應用，主要仍採用 x86 架構為核心的處理器，而不同的伺服器產品將考量：電源供應與功耗設計、終端資料存取與運算效能、實體操作環境等需求差異選擇採用不同類型、系列的處理器類型與產品。除此之外，隨著電腦視覺與影像分析的服務情境，或者於邊緣位置本地學習、推論（Inference）應用增加，也預期將有更多的業者，會在 2019 年 Q3、

Q4的期程，提出獨立型態的、或在原本伺服器產品線之中，擴充能夠掛載圖形處理器（Graphics Processing Unit, GPU）與相關解決方案的邊緣運算伺服器產品。

除了核心處理器之外，在容量、記憶體的表現上，邊緣運算伺服器與傳統伺服器發展趨勢並無二致，預期將以「多硬碟儲存池」、「高密度容量記憶體」為主要發展方向；然而，這同樣會因為邊緣運算伺服器所處的實體操作環境（如機櫃整體空間）、電源供應能力、終端資料存取與運算效能，甚至是產品價格因素，而出現選用上的差異，也因為需求的異質性，硬體「可擴充（Scalable）」能力仍是不可或缺的設計思考。

2. 邊緣運算伺服器系統環境

回顧布局業者核心處理器、容量與記憶體表現之後，可支援的操作系統（Operating Systems）、基礎環境（Infrastructure）選用，則是另一個值得留意的產品因素。

操作系統層面，邊緣運算伺服器與傳統伺服器相同，多數產品能支援多個操作系統，以強化產品在終端使用的適應性、相容性，如Windows Server、Linux仍是主流的系統選項，除此之外，包括Cisco、Nokia、Supermicro亦提出自身的軟體平台來針對多個伺服器組成的「網格（Grid）」進行系統性管理。值得留意的是，操作系統是否能夠有效整合「實體伺服器」與「虛擬伺服器」，與是否具備「伺服器虛擬化（Server virtualization）」技術或擁有支援「虛擬化環境」的能力，因實現運算資源彈性化配置、託管（Co-location），預期將是邊緣運算伺服器設計思考重點所在。

相對於軟體操作系統，聯網基礎建設與平台，多數邊緣運算伺服器產品以自建或合作開發模式，將產品鑲嵌於「靈活型聯網架構（Flexible IoT Architecture）」的環境，這是邊緣運算伺服器與傳統型伺服器最核心的區別，有兩項內涵：第一，資料數據更迅速、安全在公有雲（Public Cloud）、私有雲（Private Cloud）之間進行遷移；第二，因應終端設備的異質化，雲端、邊緣節點（近終端）、終端間呈現「多層級」的架構設計，邊緣運算伺服器作為多層級架構的「節點」，

向上傳輸數據至雲端進行分析,再分派、部署雲端的應用程式、微服務,甚至人工智慧推論至終端進行執行。值得留意的是,聯網的基礎建設與環境的建置,朝向更為「開放化」的趨勢日益明確,期望讓更多設備進行接取,打造數據池(Data Pool)以成為服務的開發平台。

表 5-3　邊緣運算伺服器系統環境比較

Code	Product / Family	Operating Systems	Infra (C 2 E Service)
HP	Edgeline (F)	HPE iLO4/Windows 10	SAP HANA Cloud Platform
AM	Snowball Edge (F)	AWS Lambda (Console)	AWS IoT Greengrass
CS	HyperFlex Edge (F)	Cisco Intersight	Cisco HyperFlex
AV	Edge Intelligence (F)	Windows 7、8、10	WISE-PaaS
DE	PowerEdge (F)	Windows S、Linux Enterprise	Dell EMC Multi-Cloud
NK	Airframe (P)	Airframe System Manager	AirGile Cloud-Native Core
HW	Atlas G2500 (P)	eSight、Linux Enterprise	Intelligent EdgeFabric
QT	QuantaGrid SD2H (F)	Windows S	QxStack (VMware)
SM	SuperServer (F)	Intel Node Manager	Supermicro Cloud
LN	ThinkSystem SE350 (P)	Windows 10	Hyper-V/OpenStack/vCloud
NV	Tesla T4 (P)	NVIDIA CUDA-X AI	NVIDIA EGX

資料來源:資策會 MIC 經濟部 ITIS 研究團隊整理,2020 年 7 月

3. 邊緣運算伺服器連結通訊

　　連結通訊解決方案(Connectivity Solutions)則是另一個邊緣運算伺服器觀察重點。回顧布局業者邊緣運算伺服器產品採取的連結通訊方案,主要仍與傳統伺服器相同,以支援乙太網路(Ethernet)

的多種介面類型為主要，如 RJ45、SFP 都是經常選項。然而，隨著通訊技術持續進展，邊緣運算伺服器連結通訊發展則有兩項值得後續追蹤趨勢：第一，Cloud RAN（Cloud of Radio Access Network）與 SD-WAN，兩項皆以「軟體定義網路（Software-Defined Networking）」與虛擬化（Virtualization）為技術核心的解決方案，此一解決方案，對於應用在 5G 電信場域的邊緣運算伺服器而言，將因電信服務提供商考量降低網路部署支出成本的考量下，成為主要產品標準配備之一，其餘包括電信核心網路虛擬化（Virtualized Evolved Packet Core, vEPC）等技術，也預期會與邊緣運算伺服器相互融合，藉此來細部觀察，邊緣運算伺服器在整體通訊網路，將扮演優化封包傳輸路由、識別「服務級別協定（Service-Level Agreement）」的節點；第二，其他無線通訊技術的演化，如彈性化、可擴展性更佳的 Wi-Fi 6 預計於 2019 年 Q4 被認證，屆時亦將影響邊緣運算伺服器產品功能。

表 5-4　邊緣運算伺服器連結通訊比較

Code	Product / Family	Connectivity Solutions
HP	Edgeline (F)	Ethernet/Wi-Fi
AM	Snowball Edge (F)	Ethernet (RJ45)/SFP/ QSFP
CS	HyperFlex Edge (F)	Ethernet
AV	Edge Intelligence (F)	Ethernet/Modbus/ MQTT/IEEE 802.11a/b/g/n/ac/Bluetooth
DE	PowerEdge (F)	Ethernet (Dell EMC OpenManage Connections)
NK	Airframe (P)	Cloud RAN (AirScale Cloud RAN)
HW	Atlas G2500 (P)	Ethernet/ADSL
QT	QuantaGrid SD2H (F)	Ethernet (RJ45)/SFP/vRAN/SD-WAN
SM	SuperServer (F)	Ethernet (RJ45)/SFP+/Cloud RAN/SD-WAN
LN	ThinkSystem SE350 (P)	SFP/SFP+/Wi-Fi/LTE
NV	Tesla T4 (P)	Ethernet/ADSL

資料來源：資策會 MIC 經濟部 ITIS 研究團隊整理，2020 年 7 月

4. 邊緣運算伺服器機體外型

最終，考量邊緣運算伺服器布署的環境，會隨著服務情境部署在室外，或者空間狹小的區域，因此，機體外型的設計與操作溫度（Operating Temperature）亦是邊緣運算伺服器產品設計必須著重之處。回顧布局業者對邊緣運算伺服器的產品「機殼」設計，如以 1 機架（U）來進行比較，較多採取的是「機架型」的外型，配合機櫃來進行使用，可以按照客戶的需求來進行擴充與調度，如 HPE、Cisco、Nokia 等業者的邊緣運算伺服器產品，便是以機架型作為設計，一般而言，這些業者所面對的客戶需求多半會於現場管理數量較多、較為分散化的伺服器；除了「機架型」外型，亦有布局業者以「塔型」的外型來進行設計，如 AWS、Dell，其伺服器內部的空間較大，多半集中多種功能（IT、OT 超融合）與服務於單一產品之內，較強調產品獨立性。

上述機架型、塔型伺服器外型的設計，也將反映在產品的重量，機架型的伺服器重量落於 11 至 12 公斤（Kilogram, kg），塔型伺服器的重量則約落於 25 至 26 公斤。在操作溫度的設計上，除了聚焦於工業控制的 Advantech 強調可於-20°C 至 60°C 為範圍進行操作之外，其餘邊緣運算伺服器產品的操作溫度約落於 0°C 至 55°C 之間。

邊緣運算伺服器的機體外殼、重量、操作溫度等實際環境需求，仍會因為不同客戶、服務情境的不同而有差異。然而，機體「小型化」、「輕量化」、「機體彈性擴充」、「更大的操作溫度區間」應是邊緣運算伺服器機體設計的發展趨勢。此外，由於室外環境相較室內環境更難以掌控，因此，機體外殼的「防震動」、「防鏽蝕」，甚至是「防鹽鹼化」的能力，也可能成為邊緣運算伺服器產品設計必須考量的因素。

嘗試分析與比較邊緣運算伺服器產品的運算核心、系統環境、通訊連結、機體外型，可以發現不同的邊緣運算伺服器產品，受到不同聯網需求情境牽引，將有不同表現，核心問題仍是－應用在何種「場域」？面對何種「數據型態」？與客戶之間屬於何種「代理人關係」（如託管服務）？縱然需要從不同「需求」進行解釋，不過仍可發現：邊緣運算伺服器相對傳統伺服器，硬體層面縱然差異不大，但在「靈

活型聯網架構（Flexible IoT Architecture）」、「虛擬化（Virtualization）」與「軟體定義網路（Software-Defined networking）」等「軟體」的依賴與表現程度卻大為不同。

表 5-5　邊緣運算伺服器機體外型比較

Code	Product / Family	Dimensions	Weight (kg)	Operating-T (°C)
HP	Edgeline (F)	35.2*8.8*23.3	7.5	0°C to 55°C
AM	Snowball Edge (F)	26.9*38.6*67.1	22.45	0°C to 40°C
CS	HyperFlex Edge (F)	43*4.32*75.6	17 (Maximum)	10°C to 35°C
AV	Edge Intelligence (F)	26*4.4*14.02	0.8	-20°C to 60°C
DE	PowerEdge (F)	43.4*86.8*71.5	28.6	5°C to 40°C
NK	Airframe (P)	21*4.4*43	6	-5°C to 45°C
HW	Atlas G2500 (P)	44.7*17.5*67.5	17.5	5°C to 55°C
QT	QuantaGrid SD2H (F)	44.78*4.25*4	15	-5°C to 55°C
SM	SuperServer (F)	43.7*4.3*38.1	11.34	0°C to 45°C
LN	ThinkSystem SE350 (P)	24*4.4*47.8	#	0°C to 55°C
NV	Tesla T4 (P)	#	#	5°C to 40°C

資料來源：資策會 MIC 經濟部 ITIS 研究團隊整理，2020 年 7 月

（三）結論

1. 超融合技術與功能介面整合

　　智慧聯網需求差異性高，邊緣位置必須在離線、沒有核心數據中心的支持情境之下，還能夠獨立執行現場的分析、分派任務；此外，為了讓客戶或使用者可以更加便捷地使用伺服器設備，如何降低使

用的「成本」與「使用複雜性」成為關鍵因素，這也推動邊緣運算伺服器產品朝向「超融合（Hyperconvergence）」進行發展。

包括 Cisco 的 PowerEdge R740、PowerEdge XR2 與 Lenovo 的 ThinkSystem SE350 等產品皆應用了「超融合」來陳述自身的產品，大約可以分為兩種主要內涵：第一，運算、儲存、網路功能的超融合，此三種技術的融合形成了「超融合基礎建設（Hyperconverged Infrastructure, HCI）」，此一架構具有快速部署、彈性擴充特性；第二，隨著現場數據量的大量增加，並且在運算成本的考量下，藉由分散式系統軟體，將多個邊緣運算伺服器形成「叢集」是相對較佳的解決方案，然而，此一種叢集化的解決方案，賴於是否能依據現場的環境資源與使用模式（如工控、電源配置模式），進行靈活性調度與處理，這進一步推動了資訊技術（Information Technology）與操作技術（Operation Technology, OT）的融合，邊緣運算伺服器便是融合的載體。

上述兩項內涵之中，又以 IT、OT 的融合最為重要，其更被視為邊緣運算能否在不同「現場（Field）」進行大規模布署與管理的關鍵因素，尤以是在設備、次系統數量愈多、愈複雜的場域，更尤其需要 IT、OT 端的融合。「超融合」的發展趨勢之下，除了將影響了邊緣運算伺服器產品設計，也將整合企業內部 IT、OT（如工業控制）原先屬於不同部門的合作與分工模式。

2. 靈活運算架構與節點多層化

邊緣運算伺服器與傳統地方型伺服器的差別之一，在於邊緣運算伺服器所強調的並非封閉性的系統情境，而是可以按照不同的設備、通訊需求，進行多層的運算架構設計；也就是藉由數據、服務品質（Quality of Service）來判斷資訊數據分析與運算位置，並且藉由不同的「事件類型」，運算位置可在雲端、邊緣來進行靈活性的調整與分派。

AWS 的 Snowball Edge 產品，便是靈活型運算架構的具現，然而，不僅是 AWS，幾乎所有邊緣運算伺服器布局業者，皆強調「伺服器」是介於雲端、終端之間的「節點（Node）」。屬於「雲端服務提

供商」、「網通設備提供商」的不同業者，對於靈活型運算架構有兩種不同內涵：第一，雲端服務提供商，對於邊緣運算伺服器功能，特重於雲端與邊緣的資料遷移能力，對於雲端服務而言，邊緣運算伺服器所能提供的服務，較類似於「朵雲（Cloudlets）」，也就是考量客戶負擔的成本，以及就近客戶部署的需求，所創造的雲端服務延伸；第二，網通設備提供商，對於邊緣運算伺服器的功能，則較強調現場基礎建設（Infrastructure）建構，因此，相對於雲端服務提供商，比較側重於如何藉由「叢集」來串聯終端的運算資源池。

上述兩項不同的內涵，在2019年之後已有匯流的情況，並且「雲端服務提供商」、「網通設備提供商」在5G、智慧製造等情境之下，已有日益增加的策略合作。不過，值得注意的是，不同使用情境的設備、數據異質性差異甚大，因此不同的服務情境將會有不同的層級架構，如何掌握現場設備數據生成與傳輸特性，藉由擬定「數據政策（Data Policy）」來設計多層級（Multilayer）運算架構，會是延伸課題所在。

3. 軟體定義與虛擬化技術強化

藉由邊緣運算功能介面來觀察，可以發現邊緣運算與雲端運算，架構上最大差異之一在於邊緣運算除了有「垂直（Hierarchy）」層級關係，亦有「水平（Flat）」層級關係，然而複雜層級關係已非傳統伺服器、閘道器、路由器所能因應，因此「虛擬化（Virtualization）」與「軟體定義（Software-Defined）」便成為依賴的技術選項。

包括 Advantech、Supermicro、Lenovo 等對於自身邊緣運算伺服器產品的陳述，皆直接聚焦在虛擬化、軟體定義兩項技術，兩者主要目標，皆是希望超過硬體限制，讓整體網路中的運算效率提升。兩項技術內涵縱然不同，但彼此卻密不可分。第一，虛擬化技術，可以進一步將運算、儲存與網路資源虛擬化，在邊緣的位置上形成一個資源池，最常應用的是網路功能虛擬化（Network Functions Virtualization, NFV），其將網路節點分割成為數個功能區塊，有利於動態規劃「封包傳輸路徑」，達到動態負載平衡；第二，軟體定義技術，則可以視為是整體基礎建設的軟體控制機制，藉此可以將上述的「虛擬資源」

分配給資源取用者，可進一步分為軟體定義網路（Software Defined Storage, SDS）與軟體定義儲存（Software Defined Network, SDN）。

虛擬化與軟體定義技術，被視為 5G 電信數據封包核心網路（Evolved Packet Core Networks, EPC）的主幹，會有這樣的演變，除了設備異質性提高之外，主要推動力是服務提供商必須針對不同使用者需求，來彈性設定傳輸網路與傳輸路徑。邊緣運算伺服器作為基礎建設重要的節點，需要支援或具備「虛擬化」與「軟體定義」技術，讓整體網路更具備彈性化與可擴充性，同時也可降低運算基礎建設的建置成本。

4. 開放化硬體架構與軟體堆棧

強調去中心、分散化的邊緣運算架構，也嘗試定義新的產業生態系，而受到開源文化影響開放硬體（Open Hardware）、開源軟體（Open Source Software）思考逐漸被電信服務提供商、雲端服務提供商所接納，影響下世代邊緣運算伺服器產品設計思考，主要目標在於建構具有協同作業的架構與環境，以及增加設備與平台的互通性。

Nokia 在 2018 年提出的 Airframe Open Edge Server 是第一個具有開放硬體思考的邊緣運算伺服器產品，其他如廣達也提出類似的產品陳述，包含兩項內涵：第一，開放硬體層面，由主導業者藉由釋放許可證的模式，開放硬體規格（線路圖、佈線圖、零件表等）與開發套件，提供其他業者、社群設計硬體設備，此舉對於主導業者而言，預期取得市場擴展的效果；第二，開源軟體層面，則是藉由開源專案的模式，來鼓勵更多開發社群，參與開發最佳化的開源軟體堆棧，開發社群亦將針對不同情境，提出驗證藍圖（Blueprint），強化其在不同情境的適用性，如 Linux 基金會旗下的 LF Edge 於 2019 年 6 月所推出 Akraino Edge Stack，便是基於開源軟體堆棧衍生的成果。2019 年之後，預期將有更多開放硬體、開源軟體在邊緣運算伺服器的產品開發實例。

雖然開放硬體、開源軟體背後的推動者的屬性並不相同，但可以發現智慧聯網的情境之下，建構可橫跨多個設備或服務提供商的「開放化」發展模式，對於大型業者而言，可以取得擴展平台的效果之外，

也可以藉由開源專案吸引更多開發者參與、加入業者所領導的產業標準與體系。這樣的發展趨勢，對於邊緣運算環境建構而言具有助益，可以幫助邊緣運算伺服器等產品更具有彈性、靈活性之外，亦有可能降低建置成本。

5. 小型與防震型等環境適應力

邊緣運算伺服器與傳統伺服器所處的環境差異極大，相較之下，邊緣運算伺服器所處環境更為複雜，而且容易受到不同自然環境因子限制（如鏽蝕、溫度或環境震動等），這些因素，將直接反映在產品硬體的設計，如機體的外殼體積、機體內部的可擴展性，甚至是產品操作溫度範圍等設計思考。

HPE、AWS、Cisco、Advantech、Dell 等布局業者，對於自身邊緣運算伺服器產品的陳述，特別著重於描繪其產品對於環境因子的適應力，其中具有兩項內涵：第一，機體外部朝向小型化、機體內部朝向彈性化擴充，這意味著機體外型必須常是在有限空間來進行配置，同時機體的內部，也必須預留更多空間、電力來進行擴充，以符合客戶彈性化配置的需求；第二，強調「多規格」的產品規劃，或者可按照客戶實際的使用情境，進行需求導向型的產品設計，在此一思考之下，「設備」與「服務」之間的界線將日益模糊化，這也是為什麼 Advantech 等業者，會提出「設備即服務（Equipment as a Service）」產品敘述的背景。其他如防焰、防水、防震動、抗鹽鹼、耐高溫、可移動性、多元供電選項，亦是邊緣運算伺服器「環境適應力」的思考情境。

無論何種內涵，皆意味著邊緣運算伺服器必須思考客戶使用情境，彈性化設計產品；也由於邊緣運算伺服器配置的場域，受限於「極端化」的空間環境因素，因此，如何提升產品的環境適應力，與延長產品使用壽命，便成為不可或缺的思考。上述的思考，也意味著邊緣運算伺服器不再是單純的硬體設備，它將演化成新型態的「服務」，包括使用者操作、故障排除、產品責任範圍，甚至是客戶關係管理都將重新定義。

二、智慧醫療AI疾病輔助檢測發展分析

（一）智慧醫療產業概覽

1. 智慧醫療定義與市場規模

智慧醫療牽涉廣泛，世界衛生組織（WHO）將其定義為，將ICT科技用於醫療健康領域，包括醫療照護、疾病管理、公共衛生監測、教育和研究等。隨著物聯網（IoT）、雲端平台、人工智慧（AI）等新興技術發展有成，傳統醫療產業加速智慧化，朝向更客製化與精準化的醫療照護服務邁進。導入新技術不僅有助提高醫療品質，也能解決未來社會勞動力不足、醫療資源浪費與分配不均、醫療社會成本過高等問題。

傳統上醫療產業領導廠商為醫療器材廠商及專業醫療IT業者，包含美敦力（Medtronic）、雅培（Abbott）、西門子（Siemens）、IBM、Cisco、GE等，在醫療產業智慧化的趨勢下，業者逐步發展IoT裝置及服務、AI醫療分析等產品，與此同時，以往未涉入醫療的IT業者如：Google、Microsoft、Amazon、阿里巴巴、騰訊等廠商，也以自身軟體技術優勢，提供醫療雲端平台、IoT與AI醫療解決方案等，欲將醫療事業當成驅動企業成長的重點項目。

若以醫療IoT的角度來看待智慧醫療產業，醫療產品大致可區分為醫療器材、系統與軟體、連通（連網通訊）技術，以及其他服務。在此框架下，據Meticulous Research預測，2019年全球IoT醫療產業之市場規模約為669.4億美元，醫療器材占比34.7%、系統與軟體占比26.1%、連通技術17.9%，以及其他服務21.2%。到了2025年，市場規模將成長至3,221.7億美元，各產品類別市值皆有增加，其中軟體與系統比重增加為35.1%，正好是ICT業者最具優勢的區塊。

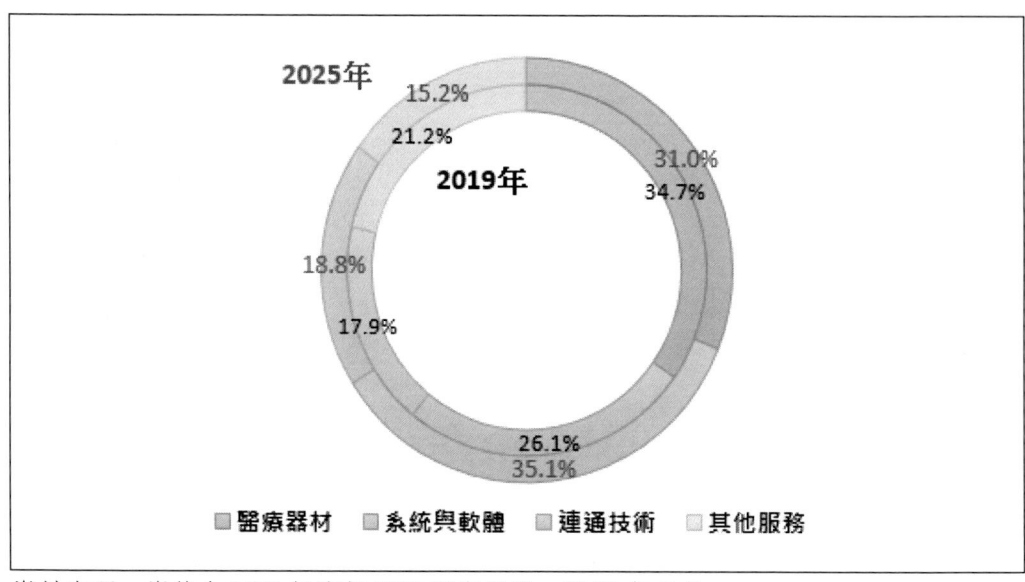

資料來源：資策會 MIC 經濟部 ITIS 研究團隊，2020 年 7 月

圖 5-3　全球 IoT 醫療產業之市場規模占比

2. 依使用者狀態分類智慧醫療產品

若以使用者的人體健康狀態區分智慧醫療產品及服務，在使用者處於健康與亞健康階段時，通常使用較為單純的運動與健康管理產品，或是針對特定族群例如：慢性病患者、肢體障礙者、年長者等設計的產品。對完全健康者而言，搭配健康管理 App 的智慧手錶、智慧手環是最常見的選擇，通常可記錄心跳、運動步數、運動姿勢、睡眠品質、飲食習慣等；亞健康者已出現特定需求，例如：糖尿病患者使用的產品可以記錄血糖、肢體不便者需要跌倒呼救功能、失智症患者需要能自動定位使用者是否偏離日常路徑的產品。亞健康產品形式除常見之智慧手環、智慧手錶外，為取得更準確生理數值，智慧貼片也是選項之一。

當使用者身患疾病，必須有專業醫療照護人員介入，使用到專業醫療器材的機會大增，智慧醫療解決方案的需求也提高，常見的方案包含：遠距醫療系統、疾病輔助檢測系統、藥品處方箋檢驗系統等，此類產品涉入專業醫療的程度高，往往需通過醫療法規核准。此外，

下達醫療決策前匯集大量醫療數據做證據基礎，收集資訊同時，病患隱私權問題亦有討論空間，諸多限制造成專業醫療產品發展較慢，但若 ICT 業者順利進入此區塊，因其技術門檻較高，未來不易被快速取代，且可望獲取較高利潤。

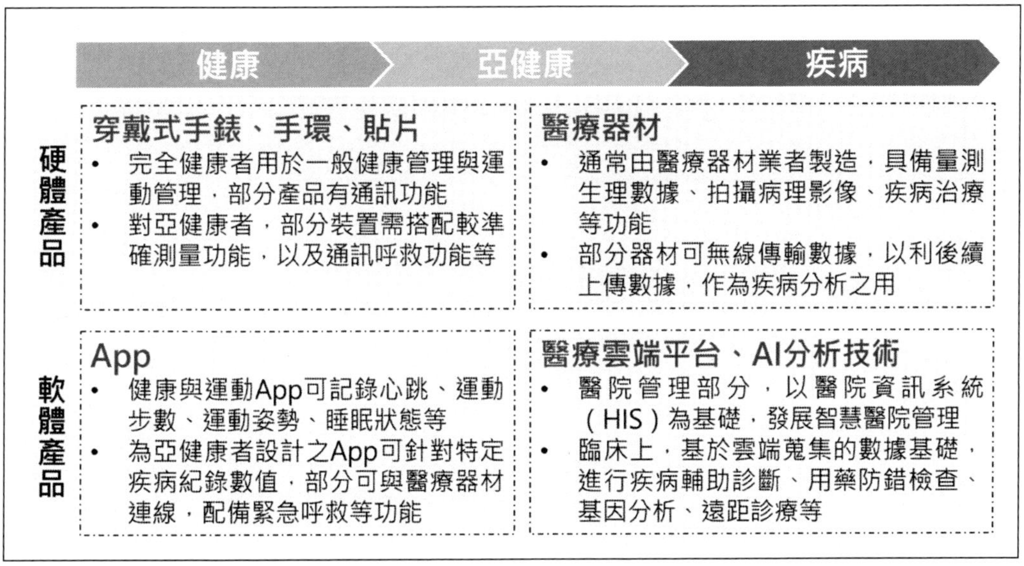

	健康 → 亞健康 → 疾病	
硬體產品	**穿戴式手錶、手環、貼片** • 完全健康用於一般健康管理與運動管理，部分產品有通訊功能 • 對亞健康者，部分裝置需搭配較準確測量功能，以及通訊呼救功能等	**醫療器材** • 通常由醫療器材業者製造，具備量測生理數據、拍攝病理影像、疾病治療等功能 • 部分器材可無線傳輸數據，以利後續上傳數據，作為疾病分析之用
軟體產品	**App** • 健康與運動App可記錄心跳、運動步數、運動姿勢、睡眠狀態等 • 為亞健康者設計之App可針對特定疾病紀錄數值，部分可與醫療器材連線，配備緊急呼救等功能	**醫療雲端平台、AI分析技術** • 醫院管理部分，以醫院資訊系統（HIS）為基礎，發展智慧醫院管理 • 臨床上，基於雲端蒐集的數據基礎，進行疾病輔助診斷、用藥防錯檢查、基因分析、遠距診療等

資料來源：資策會 MIC 經濟部 ITIS 研究團隊，2020 年 7 月

圖 5-4　人體不同健康狀態下使用之產品與服務

3. 疾病輔助檢測產品之重要性

　　健康與亞健康階段之應用已有眾多產品問世，運作模式相對清楚。至於亞健康到疾病階段，逐漸深入專業醫療領域，有許多需求尚未被滿足，其中疾病輔助檢測就是一個例子。據 The Medical Futurist 2019 年 6 月份公布的資訊，美國 FDA 在 2014 年首度核發認證給基於 AI 演算法的輔助軟體，此產品為 AliveCor 公司之心律異常檢測 App，AliveCor 也是 2014 年度唯一獲得核准的 AI 醫療產品。2015～2016 年間，美國 FDA 又再核准 4 款基於 AI 演算法的臨床醫療解決方案，2017 年 FDA 則是單一年度就核准了 6 款利用 AI 演算法之產品問世。截至 2019 年 5 月，FDA 共計核准 39 件 AI 演算法產品，產

品主要適用於放射科、心臟科以及內分泌科，另外也有使用在精神科、眼科、骨科等的產品，可見醫療領域導入 AI 的腳步已明顯加快。

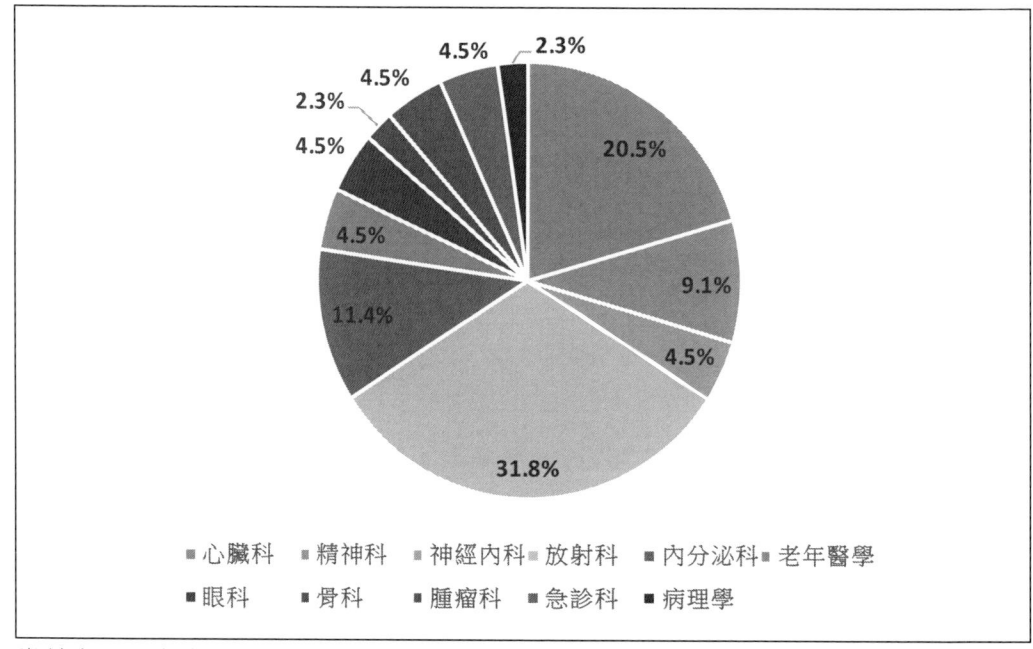

資料來源：資策會 MIC 經濟部 ITIS 研究團隊，2020 年 7 月

圖 5-5　美國 FDA 核准之 AI 演算法醫療產品適用科別占比

（二）國際 IT 業者疾病輔助檢測布局

1. 國際業者產品開發現況

　　Google 醫療布局明顯著重雲端與 AI 技術，2014 年收購人工智慧公司 DeepMind，其 AI 演算法已挹注至 Google 醫療事業中，目前 Google 初步劃分為兩大類別：

(1) 醫療雲端服務：涵蓋健康照護與生命科學解決方案，提供大數據分析工具給客戶分析基因、影像、臨床醫療、醫療保險等資料，代表客戶有 Roche、Broad Institute、Cleveland Clinic 等。

(2) 臨床醫療 AI 技術：進行中的開發項目包含眼部疾病、癌症病理學檢測、基因分析、蛋白質結構預測等。

眼部病變是 Google 發展已久的主題，已針對青光眼、糖尿病視網膜病變（Diabetic Retinopathy, DR）和老年黃斑病變建立 AI 檢測方案。至於疾病選擇的依據，以 DR 而言，該疾病是造成糖尿病患者失明的主要原因，無法及早治療的原因在於多數患者疏於早期檢測，以及世界上很多地區無足夠的醫療人員幫助患者篩檢，導致受 DR 所苦的患者人數逐年上升，Google 已在 2016 年發布演算法研究成果。到了 2018 年 2 月，DeepMind 團隊開發出能分析 3D 視網膜掃描影像，識別青光眼和 DR 等主要眼睛疾病的新 AI 演算法，利用英國倫敦摩爾菲爾茲眼科醫院（Moorfields Eye Hospital）提供的 10,000 多份樣本進行訓練，該系統誤診率約 5.5%，已低於醫師人工診斷的誤診率，具備實際應用價值。

癌症病理是 Google AI 輔助檢測的另一大項目，起因於醫療人員獲得病患組織樣本後，可能會判斷出不同結論，例如：Google 研究人員曾指出，某些乳癌經由醫療人員判定的一致性低於 48%、前列腺癌也是判讀一致性很低的癌症。在組織樣本數量過多、醫療人員人數有限、診斷時間有限的條件下，經過良好訓練的 AI 系統能幫助降低診斷的分歧，使誤診率下降。2017 年 Google 開始使用 Radboud 大學醫學中心提供的醫學影像來訓練 AI 演算法，欲定位由乳房與淋巴結間乳癌擴散狀況。2019 年 5 月發表 AI 肺癌偵測研究結果，該系統可偵測 CT 掃描影像，在早期偵測肺癌，並且達到 94% 準確度，實踐早期發現早期治療的理念。

IBM 為發展醫療市場，2015 年成立 Watson Health 全球總部，隨後陸續收購數家醫療健康數據公司，包含 Phytel、Explorys、Truven Health Analytics，以及醫療圖像公司 Merge Healthcare。目前 IBM Watson Health 著重的醫療領域，分為癌症醫學、醫學影像以及生命科學：

(1) 癌症醫學的代表性產品為 Watson for Oncology（WfO），該系統透過紀念斯隆－凱特琳癌症中心（Memorial Sloan Kettering Cancer Center）之上千個實際案例，以及醫學期刊和教科書等資料進行訓練，IBM 之目標是利用 WfO 幫助腫瘤科醫師進行治療決策，現階段可給予 13 種癌症的治療建議，包含乳癌、大腸直

腸癌、攝護腺癌、肺癌、膀胱癌、卵巢癌、子宮癌、胰臟癌、腎癌、肝癌等。

(2) Watson 影像醫學解決方案主要應用在放射科、心臟科、骨科以及眼科。以放射科為例，產品包含醫療資訊系統 Merge RIS、AI 工作平台 Merge PACS、MRI 電腦輔助偵測系統 Merge CADstream、RIS－PACS－Reporting 平台 Merge Unity 等產品，主要屬於醫學影像電腦輔助診斷（CAD）範疇。

(3) Watson 生命科學旨在提升效率與幫助創新，其中一個重要的方向是幫助新藥研發，據 IBM 的觀察，在新藥研發過程中，測試失敗的金錢損失幾乎占了投入成本的一半，故 IBM 的解決方案以降低業者損失為號召，發展出內建進階電子資料擷取系統的統合式雲端資料管理平台「IBM Clinical Development」、「Watson for Drug Discovery」可幫助研發人員找出數據中隱藏的訊息、「CTMS for Sites」臨床試驗管理系統等。

近年 IBM 在除了持續研究更多癌症的早期檢測系統以外，其他拓展的項目包含：用 AI 預測罹患憂鬱症、阿茲海默症與帕金森氏症等精神病的風險；和美敦力合作預測糖尿病患者未來 4 小時內低血糖的風險；和 Geisinger 醫院合作，透過數據預測降低膿血症（Sepsis）致死風險。

Microsoft Health 部門的醫療保健產品規劃，以個人化照護類別之產品與疾病輔助檢測相關度最高，包含 AI 基因分析、AI 臨床分析、患者照護系統、醫療雲端資料庫等。據 Microsoft 2017 年的 Healthcare NexT 醫療藍圖顯示，陸續發展的項目有：（1）Microsoft 基因；（2）Microsoft Azure 安全與承諾藍圖；（3）健康照護 AI 網路；（4）Microsoft 365 Huddle 解決方案模板；（5）Empower MD 計畫與（6）InnerEye 計畫。其中健康照護 AI 網路涉及到將 AI 用於眼部疾病和心臟病分析，此項目主要合作者為印度 Apollo 醫院。

Microsoft 的眼部疾病和心臟病產品已實際應用在醫院中，其中糖尿病視網膜病變是最早實際應用的項目之一。美國 IRIS 醫療公司近年利用 Microsoft Azure 創建可辨識 DR 的平台，以機器學習技術

快速讀取影像,將分析結果提供給醫療機構,提高早期發現疾病的機率。2018 年 8 月,Microsoft 推出 AI 心臟病風險評估 API 給印度 Apollo 醫院,此 API 綜合飲食、吸菸偏好、血壓等指標,將患者分類成高、中、低風險等級,幫助醫生進行準確諮詢。

Microsoft 在癌症醫學與免疫系統疾病亦有布局,2018 年 1 月與 Adaptive Biotech 合作,利用抽血來篩檢免疫系統內的疾病徵兆,初步用於三種疾病的預判:(1)通常於病程末期才診斷出的末期卵巢與胰臟癌;(2)多發性硬化疾病等自體免疫疾病;(3)會在人體內留存與復發的感染性疾病。

騰訊 2014 年起積極投資醫療事業,對多個線上醫療平台進行併購與投資,例如:妙手醫生、醫聯、鄰家好醫、企鵝醫生等。近期開始加強醫療雲端平台以及 AI 影像診斷技術發展,2017 年 8 月推出「騰訊覓影」,首先選擇中國大陸當地罹病人數多,且早期發現治療後可大幅降低死亡率的疾病。「騰訊覓影」最先進行食道癌早期篩檢臨床試驗,隨後將乳腺癌納入研究,因乳腺癌是中國大陸女性惡性腫瘤發病率的首位,且每年發病人數持續上升中,發病後患者五年的存活率不到 60%,是女性健康的重大威脅。直到 2019 年,騰訊 AI 影像篩檢產品項目有食道癌、肺癌、糖尿病視網膜病變、乳腺癌、結直腸癌、子宮頸癌等,致力發展疾病早期篩檢技術。

基於這些科別的 AI 影像技術基礎,騰訊以達成 AI 輔助診斷為目標,將建立可預測疾病、輔助決策、數據分析的平台,幫助病患個案管理以及控管診療風險。除了上述產品,騰訊 2018 年 10 月與英國公司 Medopad 合作,利用 AI 技術診斷帕金森氏症,加速醫師疾病評估過程。2019 年則發布消息,表示以 AI 篩檢青光眼的準確度已經達 95%以上。

2. 國際業者布局彙整

觀察國際大廠 AI 輔助檢測產品布局,在放射科/腫瘤科之癌症識別技術,以及眼科之疾病識別上十分積極。從病患的層面來看,癌症和眼部疾病罹病人數逐年上升,此類疾病可能造成死亡或失明等嚴重後果,若能早期發現,患者接受治療的配合度高,則可避免晚期

治療的龐大醫療花費。對醫療院所而言，傳統上仰賴醫師人工辨識影像，產生診斷報告曠日費時，且部分癌症判讀一致性低，誤診的風險一直是難以解決的問題，若導入 AI 輔助檢測，將可加快醫師診斷速度，AI 與人力檢測的相互搭配也可望降低誤診機率，相信 AI 的輔助會是改善傳統醫療的良好助力。

觀察各家業者發展，IBM 很早就已推出 CAD 系統，在醫療領域累積的經驗豐富，也是目前 AI 檢測涵蓋疾病項目最多的業者，其 Watson AI 能讀取影像與文字進而做出建議，在同業之中儼然領先，但人類的個體差異造成系統實地運作時發生不少問題，近期不時有 AI 系統的負面評價傳出，團隊面臨很大挑戰。

Google 與 Microsoft 將醫療雲端平台作為發展重點，能和 AI 醫療技術業者合作，在平台上為客戶提供開發所需的工具。Google 與 Microsoft 也有針對某些疾病項目建立 AI 模型，但項目不及 IBM 繁多，除了用於疾病的臨床診斷，另外的基因分析、蛋白質分析等項目，可能會用於藥物開發和專精的研究領域。

騰訊投入醫療產業初期投資併購大量醫療平台，此舉除了爭取客源以外，也是將就診流程數位化的表現。在醫療影像上，騰訊推出產品的時間不算早，但中國大陸人口眾多，在有關單位的支持下，收集到的大量醫學數據經過正確標記，在訓練 AI 模型時會是重要優勢，因此需持續關注其後續發展。

表 5-6　國際業者輔助檢測相關布局整理

	放射科／腫瘤科	心臟與胸腔科	眼科	骨科	神經科	其他
Google	乳癌、肺癌		DR、青光眼、老年黃斑部病變			基因分析、蛋白質結構預測
IBM	乳癌、大腸直腸癌、攝護腺癌、肺癌、膀胱癌、卵巢癌、子宮癌、胰臟癌、腎癌、肝癌	利用CAD系統檢測	利用CAD系統檢測	利用CAD系統檢測	憂鬱症、阿茲海默症、帕金森氏症	糖尿病低血糖預警、膿血症風險預測
Microsoft		心臟病風險評估	DR			基因分析、抽血篩檢免疫疾病
騰訊	食道癌、肺癌、乳腺癌、結直腸癌、子宮頸癌		DR、青光眼		帕金森氏症	

資料來源：資策會MIC經濟部ITIS研究團隊整理，2020年7月

（三）臺灣IT業者疾病輔助檢測布局

1. 臺灣業者產品開發現況

利用AI技術判讀醫學影像或分析醫療儀器測得之生理數據，是臺灣業者正在進行的方向，投入醫療事業的廠商包含嘗試多元化發展的PC大廠，以及以軟體技術為核心的新創公司，發展出的產品適用範圍包含癌症判別、糖尿病視網膜病變篩檢、精神疾病檢測、骨齡檢測等眾多項目。

緯創在智慧醫療的布局涵蓋智慧醫院系統、醫學檢測、預防醫學、醫材產品開發等面向。在醫學影像輔助檢測上，緯創醫學和臺北

市立聯合醫院中興院區合作 AI 肝臟影像判讀，在 2019 年臺北國際醫療暨健康照護展中展出肝臟腫瘤偵測系統 HepatoAI。該系統使用醫院提供之 1.5 萬片肝臟 CT 影像，由 3 位醫生標記病徵，建立肝癌深度學習模型，目前在腫瘤面積診測準確率已達 95%，可讀取肝癌細胞（Hepatocellular Carcinoma）、血管瘤（Hemangioma）、以及局部增生性結節（Focal Nodular Hyperplasia）三種病徵。另外緯創已和雲象科技簽署合作備忘錄，欲加速 AI 影像判讀技術發展。

　　AI 預警系統業旨在降低病患發生危險的機率，減輕醫護人員照護工作負擔。緯創與恩主公醫院合作，打造「智能血透照護解決方案」，系統可自動記錄生理數值，醫護人員不須手動抄寫，透過數值分析可做出一小時後的血壓預測警報，恩主公醫院過去 25%～30% 病患洗腎會發生低血壓狀況，AI 預警系統可將機率降至 5%～7%。此外，緯創與恩主公醫院合作的項目還有 AI 傷口判讀，希望透過 AI 判斷傷口大小和部位，用於遠距照護平台，強化院內院外的連結。

　　廣達智慧醫療著重 AI 技術，以 QOCA 平台為基礎，該平台之 QMULUS 技術是廣達與麻省理工學院（Massachusetts Institute of Technology, MIT）偕同研發而來，QOCA 平台衍生出的解決方案有智慧醫院解決方案、遠距健康照護方案、雲端協同視訊系統、QOCA Q-tube 無線耳鏡、QOCA e-health 自主健康管理套組等產品。

　　廣達 AI 分析已用於生理數值監測，例如 QOCA ECG Holter 設備用於監測心導管手術病患術後心臟狀態，廣達除了縮小裝置體積，也推出電力續航力長達兩週的家用版給患者在家配戴，回傳的 ECG 數據經由 AI 分析可及早做出異常狀況警示。廣達的 AI 影像分析、基因分析持續研發中，廣達 2019 年 7 月捐贈給臺大醫院的 AI 醫療雲運算整合平台（QOCA AIM）即是其研發成果。

　　宏碁 2017 年投入醫療事業的動作加大，除了推出健康管理系統外，亦與科技部計畫進行產學團隊合作（醫療系統聯盟 HSC），並宣布其醫療事業未來規劃，重點包含：（1）以預防醫學的角度，推出「VeriSee 視網膜健康檢測系統」；（2）建構超音波 AI 辨識模型，用於腹部超音波輔助診斷與（3）利用 AI 標註系統快速標記病灶，加

速工作效率。整體來看，AI 影像辨識是宏碁醫療布局重要一環，DR 檢測產品已在 2017 年智慧城市展展出，10 秒內能產出檢測報告，其眼底視網膜照相機則是與佳世達集團合作開發。除上述開發項目，宏碁近期以 AI 幫助醫療人員統計癌細胞數量之規劃也在發展中。

長佳智能成立於 2018 年 8 月，致力於開發 AI 輔助診斷系統，目前約與 20 家醫院合作。最主要的合作案是參加科技部「尖端生技醫療國際產學聯盟」，和中國醫藥大學附設醫院合作多個疾病項目，並且已將 AI 技術導入多科別的門診中。長佳智能提供的 AI 輔助診斷項目，正式應用的有五大類別，包含：乳房超音波、骨齡 X 光、心電圖、視網膜病變以及肝硬化。以乳房超音波來說，長佳智能 AI 系統可判斷乳癌的初期病徵，並且能辨識腫瘤良性惡性的程度。骨齡判讀方面，在 AI 輔助下僅需 0.1 秒就可完成判讀，對比傳統上經驗豐富的骨科醫生需要花 6～8 分鐘鑑定骨骼 X 光片，AI 確實能大幅提高報告產出效率，目前骨齡判別系統準確率已經超過 95%。

雲象科技成立於 2015 年 10 月，專注於病理玻片數位化以及醫療影像 AI 系統，首款發表的產品是 2017 年的「數位病理影像平台」，雲象將客戶提供的組織玻片進行數位掃描，協助建置雲端玻片資料庫，方便醫療人員瀏覽及傳遞資料。雲象持續與臺大醫院、長庚醫院、臺北榮總等合作，2018 年推出第二款產品醫療影像 AI 開發平台「aetherAI」，各家醫院可將符合醫療數位影像傳輸協定（Digital Imaging and Communications in Medicine, DICM）之檔案匯入平台，平台便憑藉這些資料建立 AI 模型，應用於放射影像的術後因子預測、癌症偵測等，例如 AI 對鼻咽癌玻片之辨識度已達到 97%。2019 年雲象除了和緯創簽署合作備忘錄，3 月份亦獲得國泰創投 110 萬美元投資，預計發展「病理流程 AI 化業務」，透過 AI 模型標註癌症，幫助生技製藥公司加速藥物研發。

上頂醫學成立於 2017 年 12 月，以腦部影像 AI 分析為核心，欲使用非侵入式的方法進行腦神經退化程度的評估，現階段以失智症早期診斷為主訴求。失智症是不易早期確診的疾病，潛伏期可能長達 20 年，且發病後耗費龐大醫療資源，至今仍無有效治療藥物，因此儘早發現病徵並介入治療、延緩病程惡化顯得十分重要。上頂醫學的

腦齡評估系統藉由國外臨床資料訓練，可將分析對象歸類為：正常人、輕度認知障礙、失智症患者，以便儘早著手治療。

2. 臺灣醫院導入 AI 門診現況

順應智慧醫療潮流，臺灣醫療院所也出現導入 AI 輔助診斷工具的案例。2019 年初臺北榮總 AI 門診正式營運，包含骨科、神經外科和心臟科等，其 AI 技術由臺灣人工智慧實驗室（AI Labs）開發。以神經外科來說，利用輔助診斷系統 DeepMets，從核磁共振造影（Magnetic Resonance Imaging, MRI）檔案中，分析出腫瘤轉移至腦部的位置。依照傳統步驟，患者從初次進到門診看病、進行 MRI 檢查、獲得 MRI 診斷報告，需花費 1 個月時間，費時原因在於醫生必須手動標記 MR 影像，完成一系列標記需 30 分鐘以上；透過 DeepMets 系統輔助，只需 30 秒便可從上百張 MR 影像中標示腫瘤位置並計算腫瘤體積，因此可幫助縮短由看病到確診的流程，據北榮 4 月份的說法，DeepMets 判讀腦瘤轉移的準確率已達 95%。

中國醫藥大學附設醫院則利用 AI 判讀骨齡，傳統上醫生必須要花 5～10 分鐘看圖譜判定骨齡，透過 AI 技術只需 0.1 秒就可讀出骨齡，準確度為 85%。另外心臟科、腎臟科、胸腔科、乳房外科、兒科、眼科、精準醫學、健檢中心等科別也導入 AI 門診，協助判讀心電圖異常、胸部 X 光、糖尿病眼底病變，以及腎臟衰竭預測。

3. 臺灣業者布局彙整

與國際趨勢相同，用於放射科與腫瘤科之醫學影像檢測成為臺灣業者的重點投入方向，其餘科別發展的疾病項目與國際大廠亦有部分相似。雖臺灣 ICT 業者擴展醫療業務時日尚短，能達到高檢測準確度的疾病的種類相比於國外較有限，但臺灣完整的醫療資料庫、高品質的醫療人員，以及產業界的軟硬體技術實力，可以成為發展智慧醫療的利多，目前已經有研發成果導入醫院進行實際應用測試。

此外，歐美人與亞洲人之基因與生理差異大，疾病徵兆不能一概而論，即使外國業者技術領先，臺灣仍有機會發展適合亞洲人體質的產品。發展智慧醫療，必須仰賴政府對醫療資訊取得、測試場域、醫

療產品審核標準等面向有所放寬,若規範缺乏彈性會拖延研發速度及產品上市時間,業者投入的成本也會過高。考量到臺灣與國際業者有諸多研發項目類似,以及臺灣產業是外銷導向的狀況下,爭取先機顯得十分關鍵。

臺灣投入 AI 輔助檢測的業者有力求多元發展的 PC 業者,以及擅長軟體技術的新創業者。對 PC 業者來說,發展 AI 技術是為硬體產品加值的好方法,當產品能儘快在臺灣完成測試,會越有利爭取海外商機。新創業者方面,建立優良的 AI 模型後,有機會與 PC 業者達成合作,因各家業者選定的疾病不盡相同,互助合作有利建置更全面的解決方案,也能推進商品化的速度,臺灣發展智慧醫療,集合各方資源會是的重要的一環。

表 5-7 臺灣業者輔助檢測相關布局整理

	放射科／腫瘤科	心臟與胸腔科	眼科	骨科	神經科	其他
緯創	肝癌					血液透析、傷口判讀
廣達	癌症影像分析	ECG 判讀				癌症基因分析
宏碁	腹部超音波輔助診斷		DR			
長佳智能	乳房超音波、肝硬化	ECG 判讀	DR	骨齡 X 光		
雲象科技	放射影像術後因子預測、癌症偵測					組織玻片病理學分析
上頂醫學					失智症	

資料來源:資策會 MIC 經濟部 ITIS 研究團隊整理,2020 年 7 月

（四）結論

1. AI輔助檢測是改善傳統醫療的必要工具

世界上有越來越多國家面臨人口老化及勞動力不足的問題，且癌症、糖尿病、失智症等疾病的罹病人口亦呈現逐年增長的趨勢。在如此的社會背景下，利用科技降低勞動力消耗，以及早期發現早期治療的需求，促使智慧醫療加速發展。智慧醫療不僅在硬體方面有所改良，軟體層面的解決方案也是重要價值所在，其中輔助檢測能增進醫療效率並早期判別病情，彌補了傳統醫療模式的不足。

由美國FDA近年通過的AI演算法輔助軟體逐年增多的趨勢來看，可發現用於放射科的AI影像識別技術占最大宗，除了反映出醫療界的需求外，影像識別對於ICT業者來說亦是商品化之可行性最高的項目，國際大廠如IBM、Google、Microsoft、騰訊等皆已展開布局，提供AI輔助檢測工具或建置醫療雲端平台給醫院、藥廠、醫療IT業者、研究單位等使用。

國內外醫療院所都逐漸嘗試使用AI輔助檢測軟體看診，IBM的WfO系統就是典型的案例之一，WfO除了影像辨識也具有判讀病歷文檔的功能，目前已正式商轉，但臨床醫療複雜多變，WfO仍有很多調整的空間。臺灣的臺北榮總、中國醫藥大學附設醫院也與本土AI團隊合作，在心臟科、胸腔科、骨科、眼科等科別試用AI系統，系統可達到高準確率，接下來需擴大AI輔助檢測的使用範圍，蒐集更多數據以利調整系統，建立穩固的商轉模式。

2. 發展AI輔助檢測是速度競賽，臺灣醫療資料庫與高品質醫療人員是重要助力

綜觀國內外業者發展，可知在疾病的選擇上，ICT業者發展項目多有雷同，而部分國際大廠更是布局已久，並且有實際用於臨床醫療的產品，未來將形成可適用多種疾病的大平台。臺灣業者向來以外銷為導向，面對國際業者的競爭，必須加快技術商品化的速度。由於醫療強調穩定與安全性，若外國廠商率先與醫療院所達成穩定合作，將會建立長期的業務往來，後進者不易爭取訂單。

即使臺灣廠商並非最早投入 AI 醫療的業者，臨床醫療因個體差異，大幅提高了複雜程度。歐美與亞洲人種先天基因存在差異，因此同樣的疾病病徵未必相似，這對臺灣而言是很好的機會，若能利用各醫療院所及健保長期累積的疾病資料訓練 AI 模型，臺灣有機會做出最適合亞洲人的 AI 判讀系統，高技術門檻也能確保未來 ICT 業者之產品不易被取代。

再者，AI 影像檢測的訓練資料必須先經過醫生標記，臺灣醫療人員的高素質亦有利產品的研發，但後續的 AI 檢測的試用場域目前仍相當有限，需仰賴政府的醫療規範鬆綁，並對新興醫療軟體制訂適當的審核機制，過長的審核程序和高昂花費，將成為限制 AI 輔助檢測產品發展的因素。目前應盡最大可能活用現有資料，讓高可行性的 AI 影像判讀儘早實地應用，在使用過程中持續調整 AI 模型、釐清醫療體系實際運作狀況，打造完整解決方案。

三、人機互動應用「反璞歸真」

（一）消費用 AI 人機介面

消費用 AI 人機介面產品定位，企圖從「非必要品」（Nice to Have）變成「必要品」（Must Have），從市場區隔的細緻度便可看出端倪。早期，消費用 AI 人機介面應用場域多僅粗分成居家空間、車內空間與工作場域三大領域，隨著利基客群需求明朗化，AI 人機介面產品市場區隔開始細緻化，並「針對個人而來」，例如：新銀髮族、視障／聽障人士、科技孩童等，供應商將客戶樣貌細化，並針對使用者的「必要需求」來設計功能，期望以近乎個人化的 AI 人機介面互動體驗，來提高使用者黏著度。以下列舉「視障人士」、「新銀髮族」及「寵物與飼主」等當前最受矚目的應用族群，來進一步說明。

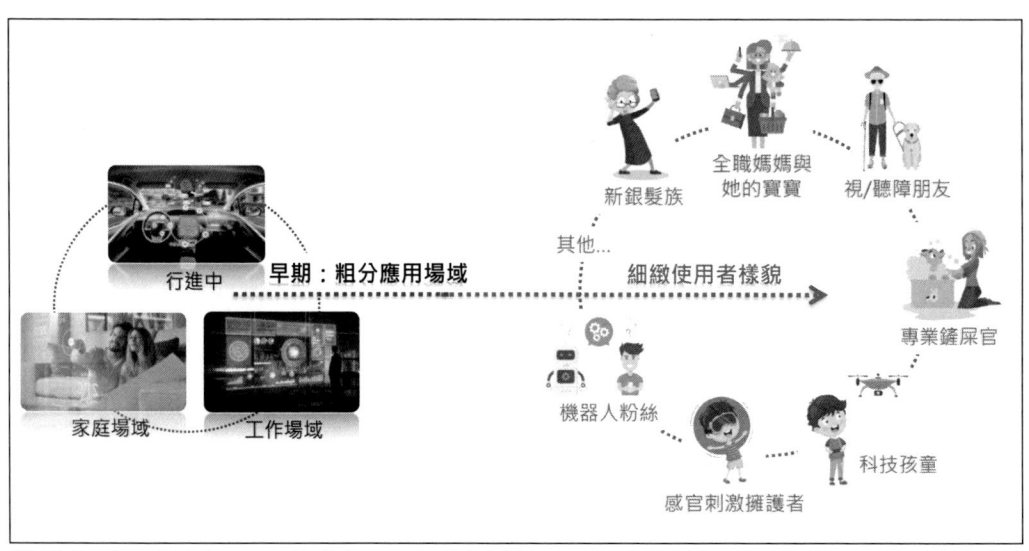

資料來源：資策會 MIC 經濟部 ITIS 研究團隊，2020 年 7 月

圖 5-6　消費用 AI 人機介面市場區隔細緻化

1. AI 人機介面應用：視障人士

　　AI 人機介面對於視障人士而言，無疑是「翻轉人生」的關鍵技術。長久以來，視障人士適用的輔助產品寥寥可數，即便科技日新月異，許多視障同胞至今仍多只能仰賴手杖或導盲犬，才得以起身活動；更遑論閱讀書報雜誌、辨識食品／用品成份、自行外出購物等日常活動，這些對於視障朋友而言，幾乎是遙不可及的夢想。

　　然而，比起看不見（或看不清楚），視障朋友在日常生活中最大的困擾，其實是「事事都需麻煩他人」的無力感；例如：轉換電視頻道時，需麻煩旁人告知頻道名稱；又或添加調味包時，需請他人幫忙確認當中是否含有過敏的成份等。部分還在求學階段的視障人士，甚至需要拜託同學或家人逐字唸出教科書、學術文獻內容等，才能完成課業，以致於許多視障人士常會因為覺得「自己只會給身邊的人添麻煩」，而感到歉疚或無奈。

　　AI 人機介面技術突破，為視障人士帶來一道曙光。科技業者將手勢辨識技術、人臉／物件辨識，及文字轉語音等技術整合於單一裝

置,讓視障同胞可裝配在眼鏡架上,成為他/她們的「新眼睛」。透過 AI 人機介面裝置的輔助,視障朋友不僅終於可體驗手捧書籍閱讀的感覺、可辨識交通號誌、可精準辨識特定產品,亦可得知站在眼前的人的性別與年齡層,甚至能辨別特定人士(如:家人、照顧者等)的身份,當他們走向視障使用者時,裝置便會透過人臉辨識技術識別身份,並透過語音介面告知使用者。

資料來源:資策會 MIC 經濟部 ITIS 研究團隊,2020 年 7 月

圖 5-7　視障人士專用之 AI 人機介面裝置

2. AI 人機介面應用:新銀髮族

在少子化與都市化趨勢下,越來越多民眾在退休後獨居,或僅與配偶同住,平常多靠電話、通訊軟體跟在外地工作的子女或親友互動。新興科技雖有助親友聯繫感情,但許多在外地打拼的子女,卻仍常因為無法就近陪伴、照顧年邁的父母(或祖父母),而感到不放心,尤其當長輩在家中發生意外,卻沒有人可在第一時間提供救援時。

AI 人機介面技術的應用可望緩解上述痛點,因此被視為少子化趨勢下的「解痛劑」。銀髮族適用的 AI 人機介面,以「主動偵測」及「隱形於居家空間」為設計原則,銀髮族不需刻意與裝置互動,裝置便可持續記錄使用者數據,讓外地子女可在第一時間得知家中長輩是否有異樣。

陪伴功能方面，近年亦有業者嘗試推出銀髮族適用的聊天機器人，讓少有說話對象的長輩有個排解寂寞的管道。銀髮族專用的聊天機器人說話速度通常較慢，亦比較「善解人意」，讓部分社交圈較小的銀髮族們，有個精神寄託的對象，不再感到那麼孤單。

3. AI人機介面應用：寵物與飼主

「寵物是家人」亦是少子化趨勢下的新社會現象，許多夫妻或單身族群選擇飼養寵物，而不生育下一代，因此造就了一群數量龐大的「狗／貓爸媽」社群。新一代飼主把寵物視為家人，甚至是情感寄託的對象。然而，在繁忙的工商社會中，許多飼主卻因日行程滿載，導致沒有足夠的時間與寵物互動，而部分飼主也擔心寵物獨自在家發生意外，尤其家中寵物已屬老齡或患有疾病。

AI人機介面技術可因應現代飼主的需求，透過聲學辨識、物件／臉部辨識等技術可偵測家中是否有外人入侵、寵物是否出現異常活動，並可在第一時間藉由手機App預警功能，得知家中的任何風吹草動；飼主亦可透過手機隨時查看寵物狀況，並能遠端與寵物對話、互動等。

寵物適用的AI人機介面，可內建於外觀近似監控攝影機的終端載具，亦可內建在球體裝置中，成為陪伴寵物的玩具之一，飼主也可透過App遠端操控、移動球體，藉此近距離查看寵物，或與牠們遊戲互動。

（二）商用AI人機介面

商用AI人機介面市場高度零碎，跨產業功能包括客服／客戶關係維護、銷售／行銷、現場作業、風險控管、員工生產力等環節；而垂直應用領域方面，則以銀行／保險／金融服務、消費零售、醫療照護等行業應用相對積極。就採用AI人機介面的需求與意願來看，跨產業功能目前需求多集中在「客戶接觸點」，主要使用者為客戶與前線人員；而垂直應用領域方面，則以「銀行／保險／金融服務」、「消費零售」業者最早導入AI人機介面解決方案，市場規模亦相對大。

然而，就市場成長動能而言，使用者需求明確的「醫療照護」可望接棒。

1. AI 人機介面應用：醫療照護

　　商用 AI 人機介面於醫療照護領域的應用藍圖宏大，供應商期望串連居家空間、醫療院所、照護機構和保險資訊平台等四大場域，在各個接觸點安置 AI 人機介面，期望聰明的 AI 人機介面能就近服務使用者，亦可主動與遠端 AI 人機介面溝通。此理想應用情境雖可提供使用者最完整且有感的互動體驗，但要想實際落實卻有諸多前提，包括系統無縫整合、數據串連與分享等問題，更牽涉到高度複雜的分潤機制，同時亦需符合醫療法規。現實考量下，當前大多業者回歸單點切入，即先鎖定特定使用者來設計解決方案。

　　其中，AI 人機介面於「醫療院所」內部的相關應用，可謂兵家必爭之地，期望藉此協助醫護人員提升例行作業效率，或分擔其部分工作。例如：醫師運用語音輸入及螢幕點擊介面，來建立病歷檔案、快速調閱病歷、建立病理文件等；病房內則採用隱藏式感測器，或派出智慧醫療機器人於病房內站崗，運用 AI 視覺、語音等技術，協助醫護人員從遠端掌握病患生命徵象與生理數據等。

　　此外，亦有越來越多醫療院所，試驗性地運用對話式文字介面，來分擔護理站人員的工作，病患可透過對話式介面取得門診資訊、醫師建議、衛教知識及完成掛號事宜等；對話式介面亦可主動提醒病患複診時間、提醒繳付醫療費用等。

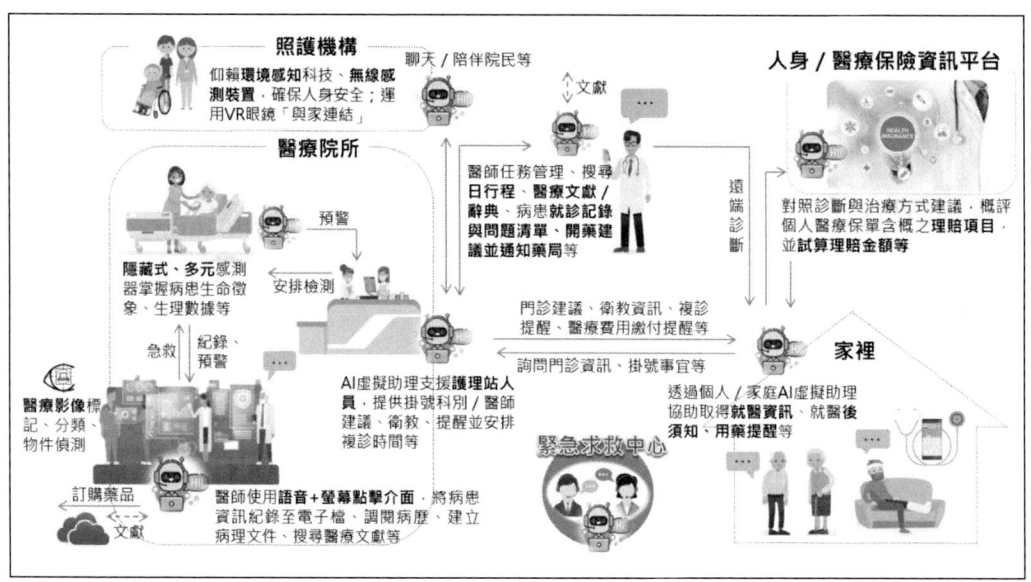

資料來源：資策會 MIC 經濟部 ITIS 研究團隊，2020 年 7 月

圖 5-8　AI 人機介面應用於醫療照護領域

2. AI 人機介面應用：緊急求救中心

近年 AI 人機介面的身影亦出現在緊急求救中心，運用 AI 語音介面協助專員判斷求救端患者是否為心臟病發作；主要採用技術為語音／語意辨識、自然語言處理／理解等技術等。

AI 人機介面與緊急求救中心專員協作，乃是基於實際需求。原因在於一般狀況下心臟病發的患者通常瞬間倒地，往往仰賴當時正好在患者旁邊的人代為聯繫緊急求救中心；然而，一般民眾此時通常已嚇得語無倫次，無法清楚地描述患者實際狀況，倘若專員又未能聽出端倪，便會導致誤判，錯失急救契機。

AI 語音介面與前線專員一同接聽求救電話，求救端一邊敘述，AI 語音介面便同步從破碎的句子中，過濾出關鍵字並顯示在專員螢幕上；同時，針對關鍵字句進行分析。當系統判斷求救端患者為心臟病發時，螢幕上便會馬上出現警示，並同步顯示對應急救步驟，讓專員在第一時間引導正確的急救步驟。

AI 語音介面的同步支援甚為重要，原因在於心臟病發患者的急救分秒必爭，稍微慢了一分鐘，便可能導致病患變成植物人，甚至喪失性命，這也是為何 AI 語音介面在緊急求救中心具有存在價值。

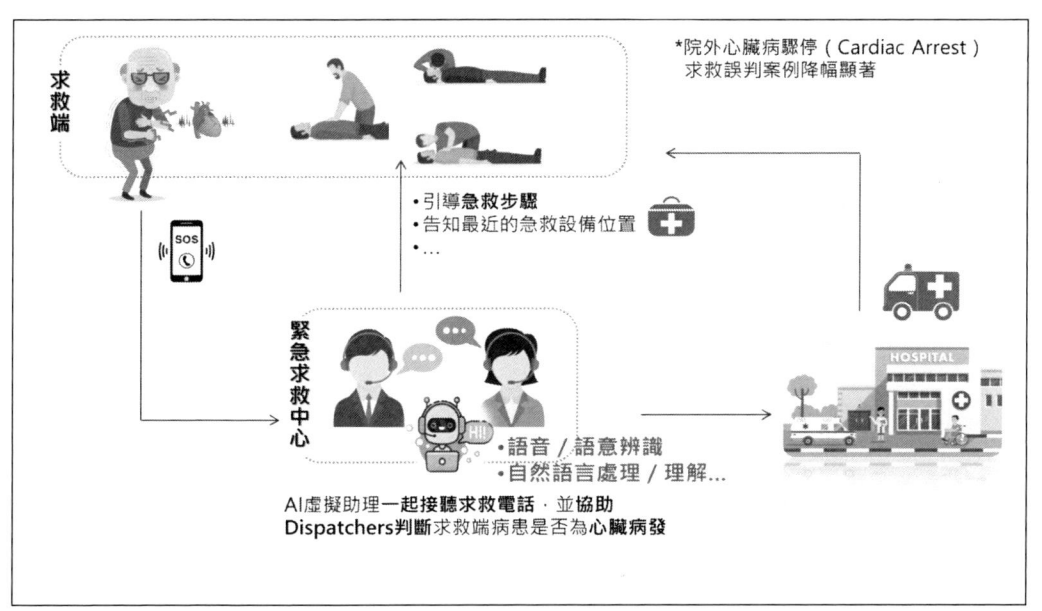

資料來源：資策會 MIC 經濟部 ITIS 研究團隊，2020 年 7 月

圖 5-9 AI 人機介面應用於緊急求救中心

（三）結論

1. 消費用 AI 人機介面：從「Nice to Have」到「Must Have」

隨著使用者需求越趨明朗，消費用 AI 人機介面應用市場區隔也跟著細緻化，從早期家庭、車用空間、工作空間等三大應用場域，轉而對準利基族群，如：視障／聽障人士、新銀髮族、寵物飼主等，進一步細化使用者樣貌，並從中發掘其「必要需求」。從應用思維的轉變來看，可發現過往業者普遍致力運用 AI 人機介面技術，把生活空間或工作空間打造得跟「鋼鐵人」的家一樣科幻，但現階段出現另一群研發團隊，聚焦思考如何運用此突破技術，來觸及過往沒被注意到，但卻有剛性需求的族群，藉此讓新技術的應用更有意義。

2. 商用 AI 人機介面：從「便利科技」變成「救命科技」

　　商用 AI 人機介面應用市場高度零碎，即便是跨產業應用的功能，也會依垂直領域而有些許不同。綜觀當前商用 AI 人機介面應用需求與用戶採用意願，跨產業應用功能目前雖仍多集中於「客戶接觸點」，例如：客服中心、行銷／銷售或現場作業場域等，但也漸漸看到零星方案應用於企業內部，透過 AI 人機介面技術來提高員工生產力，或提升作業風險控管成效等。

　　垂直領域應用方面同樣開枝散葉，由金融、零售業者率先採用，市場規模亦最大；然就成長動能而言，使用者需求明確的醫療照護業，可望成為下一個新星。透過 AI 人機介面技術應用，可有感緩解醫療照顧機構人手不足的老問題，同時亦可協助醫護人員、前線急救人員降低誤判率。從應用脈絡來看，AI 人機介面在商用市場的定位與角色，顯然已不再只是「很方便」或「酷炫」的便利科技，在特定應用場域中，它可搖身一變，化身搶救寶貴性命的得力助手。

四、遊戲串流服務發展影響分析

（一）事件背景

1. Google 宣布推出 Stadia 服務，2019 年正式營運

　　Google 於 2019 年 3 月宣布遊戲串流（Game Streaming）服務平台，將採用 Google 資料中心執行遊戲的繪圖與運算，讓遊戲玩家得透過連線裝置直接在電視、電腦或手機等螢幕遊玩，讓雲服務成為遊戲主機而不再受實體載具限制。Google Stadia 於 2019 年於美國、加拿大、英國及歐盟等地區推出正式服務。

　　Google 表示其硬體架構（Hardware Stack）為客製化 2.7Ghz x86 之 Intel CPU、具 10.7 Teraflops 效能之客製化 AMD GPU 及 16GB DRAM，與一般中高階遊戲用個人電腦差異無幾，足以執行市面上多數數位遊戲、滿足每一位 Stadia 使用者需求。軟體架構（Software Stack）則為 Debian Linux OS 和 Vulkan 跨平台圖像與運算 API

（Application Programming Interface）以及 Google 自有 SDK（Software Development Kit）。Stadia 支援 Unreal Engine 和 Unity 等兩大主流遊戲開發引擎，並由 Google 提供客製化開發工具，希望能降低遊戲開發商在導入時的轉移門檻。

然而遊戲玩家與相關業者對 Stadia 疑慮之處不在資料中心端或使用者端，反而是兩者之間的傳輸問題，Google 則表示穩定的 25MB/s 頻寬即可達到 1080p/60fps（frames per second），甚至只需 30MB/s 即可達到 4K/60fps，並有緩衝技術因應網速出現變化。

2. 三大遊戲主機大廠亦早已布局遊戲串流服務，然而腳步不一

Sony 於 2014 年在北美、日本和部分歐洲地區推出 PlayStation Now 雲端遊戲服務，但僅限 PlayStation 特定主機和 Bravia 電視，卻在 2017 年 2 月終止服務 PS4 以外之遊戲主機與智慧電視，反成為專屬於 PS4 之雲端遊戲服務平台。此外，自 2018 年 7 月開放下載遊戲至終端主機，而無須由雲伺服器執行，避免連線頻寬艮窳等問題。

Nintendo 則在 2018 年 5 月與特定廠商配合，將指定遊戲版本雲端化，以利其 Switch 主機使用者可以藉由遊戲串流技術遊玩。Microsoft 則在 2018 年 10 月宣布 Project xCloud 遊戲串流服務平台，並定位是訴求滿足非 Xbox 使用者之遊戲需求，將透過 Microsoft Azure 資料中心執行服務，預期在 2019 年下半年對外進行公開測試。

此外，亦有 Blade、NVIDIA 等多家科技業者，或前或後推出雲端遊戲串流服務技術或平台，顯見已成為數位遊戲熱潮之一。

（二）影響分析

玩家與產業雖對串流遊戲服務模式仍有疑慮，然面對年逾千億美元的數位遊戲市場，科技業者莫不希望從中分潤。尤其雲端串流遊戲服務跨越智慧手機、個人電腦和遊戲主機之間的鴻溝，將可滿足所有遊戲族群而不受硬體箝制。

1. 線上娛樂商業模式逐漸成形，串流服務漸受市場接受

近十年來，影音娛樂已從實體產品轉以數位商品、訂閱服務為主流，消費者廣泛接受購買數位版權或月費訂閱等使用模式，如 Google Play 即可購買單一影片數位版權或短期租借，Netflix 和 Spotify 則採用月費訂閱模式供使用者定期無限制觀賞。

至於數位遊戲亦有數位版權和定期訂閱模式，如 Steam 等線上 PC 遊戲數位平台已取代盒裝實體；Sony 和 Microsoft 等遊戲巨擘以月費模式滿足玩家對遊戲求新求變慾望，在訂閱期間內提供玩家多樣化遊戲內容。遑論行動遊戲本就從無實體產品，而主要由 App Store 和 Google Play 等兩大線上數位平台宰制、寡占。

再者，遊戲玩家也逐漸形成互動頻繁的網路社群，尤其受益於 Twitch 或 YouTube 等直播或影音平台，電競選手（eSport Player）、遊戲網紅（Game Celebrity）和普羅玩家已在線上建立互動關係，多數玩家亦習慣上線參與數位遊戲相關活動，可見線上娛樂商業模式逐漸成熟，或將是推動遊戲串流服務起飛的可能因素之一。

2. 遊戲串流服務難度高，仰賴雲運算效能和超寬頻終端

遊戲串流一如影音串流服務，是將非結構性影音資料在伺服端預作壓縮再傳送使用端進行解壓縮，但如下圖所示，遊戲、直播和影音串流因使用模式不同而有極大差異，影音串流採用的切片重用和資料緩衝等傳輸技術，恐不能順利運用於遊戲串流服務。

進一步說明，直播和影音串流之受眾在觀賞同一場直播或同一部影片時，其影音內容是相同的，僅只在壓縮、切割並傳送之後，因為使用者開始時間不同或傳輸環境良窳而有所差異，但可透過暫存、緩衝或降低解析度等方式因應而不至於影響觀賞品質。雖然深受傳輸環境影響觀賞品質，但有相關技術得以優化，對伺服設備要求不高。

然而對遊戲串流來說，雖然是同一套遊戲，但由於遊戲玩家在遊戲場景的位置不同、視線差異或控制方式，都必須在雲端伺服設備即時運算生成，並將每個使用者不同的影音資料傳送至終端裝置，同時深受傳輸環境和伺服設備之影響。甚至因每位使用者的影音資料大

多不同，無法高效率運用暫存、緩衝等常用技術，只能加強壓縮、切割等技術，或縮減遊戲場景之光影表現、遠景生成來降低伺服端與傳輸時的資料負載。

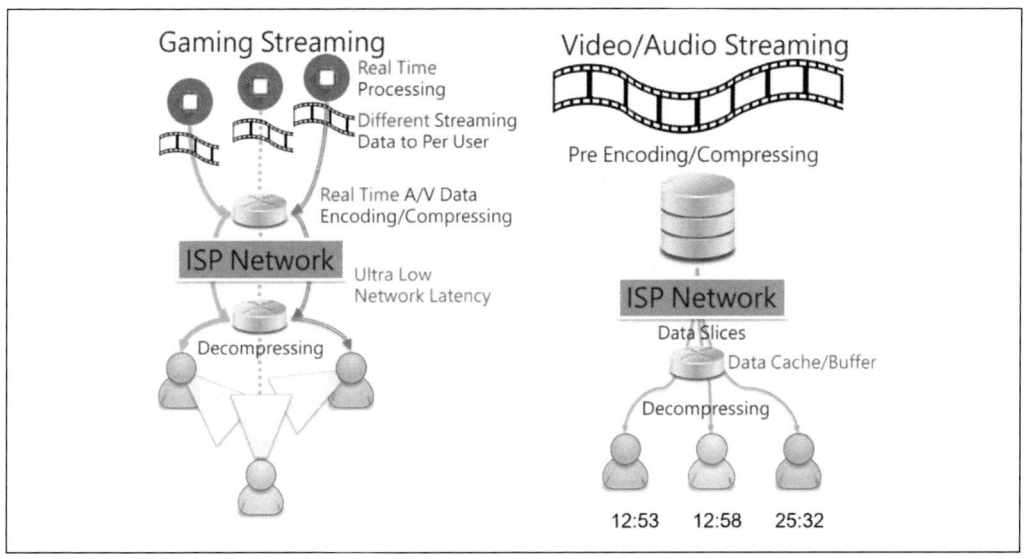

資料來源：資策會 MIC 經濟部 ITIS 研究團隊，2020 年 7 月

圖 5-10　遊戲串流與影音串流之傳輸差異分析

　　因此，對於遊戲串流來說，服務平台業者需在伺服端的資料中心建置大量運算單元，如 Google Stadia 即表示將以單一 Hardware Stack 服務一位使用者，除可降低遊戲開發商的導入難度以外，亦可讓使用者獲得完整運算效能。如此一來，則需巨資建置硬體平台，並需視使用者族群的成長速度等比例增加。

　　若對使用者終端來說，Google 已針對通用於個人電腦和遊戲主機的遊戲控制器推出自有產品，而 Microsoft Xbox 亦早已將其遊戲控制器透過藍芽通用於個人電腦，可預期未來智慧手機或平板電腦亦可讓使用者利用遊戲控制器遊玩串流遊戲，得以解決跨平台的通用 UI（User Interface）問題。因此，終端硬體僅須具備可供遊戲控制器連線的無線功能以及供影音資料解壓縮的運算效能，預期連 Google Chromecast 等精簡型電視機上裝置皆可勝任。

因此，遊戲串流服務之最大終端瓶頸即在於到府頻寬的傳輸速度與穩定性，而這將是 Google 等服務平台難以解決的外部難題。雖然 Google 等平台業者可以試圖將資料中心小型化並視目標市場地區進行建置，但僅能舒緩骨幹頻寬的流量而無從改善終端環境。如此限制，亦是 Google、Sony 等串流平台僅只服務北美、西歐等地之原因。

外部驅力／動能	外部不確定因素	外部瓶頸／阻礙
● 影音串流市場／服務成熟 ● 家機月費訂閱服務逐漸擴展	● 網路直播引領線上遊戲社群	● 全球超高寬頻滲透率不足
內部優勢	事件摘要	內部劣勢
● 擴大用戶服務及商業模式 ● 運用現有Play Now服務加值	Google Stadia ● 數位遊戲串流服務 ● 效能可達 4K/60fps	● 鉅額硬體／頻寬投資 ● 2019年僅美加英歐等四地
外溢助益	不確定影響	負面衝擊
● 資料中心設備及其供應商 ● 資料中心用處理器（CPU、GPU）	● 遊戲開發商 ● 數位遊戲開發平台 ● 3D引擎開發平台	● 遊戲用個人電腦 ● 家庭遊戲主機 ● 消費性產品用處理器（CPU、GPU）

資料來源：資策會 MIC 經濟部 ITIS 研究團隊，2020 年 7 月

圖 5-11　Google Stadia 遊戲串流服務平台之內外部影響分析

3. 對資訊硬體產業影響漸增，相關業者須提前因應

然而隨超高寬頻網路環境逐漸在全球各地獲得普及，以及 5G 行動通訊亦在全球各國積極布局建置，外部網路頻寬問題料將在不同區域逐漸獲得解決，得以協助遊戲串流服務在個別市場先後獲得推展，並逐漸影響到相關產業的各個層面，分別說明如下。

對遊戲開發商來說預期影響程度較低，因為不論 Stadia 或 xCloud 皆不會大幅改變遊戲開發商的現有開發模式，並會協助其遊戲的 PC 版本完整移植至遊戲串流平台。未來亦應會強化與 3D 引擎平台廠商等合作關係，以積極協助中小型遊戲開發業者或工作室降低遊戲開發門檻，並吸引將其遊戲作品納入串流遊戲服務平台之中。

對資料中心設備供應商而言，則是全新產品需求商機。由於遊戲串流服務短期內需以一機一使用者模式執行，因此在硬體設計上將是全新方式而提高開發難度，但對硬體供應商來說將是潛在的商機。然而由於其平台使用者數量並不明確，未來可提供服務的市場區域和遊戲數量亦會影響使用族群成長幅度，因此如何彈性因應供貨狀況恐將考驗硬體供應商的應變能力。

再者，資料中心擴增遊戲串流服務模式，其內外部網路架構恐亦將因此改變。巨量的即時影音資料傳輸需求將對網路結構帶來重大挑戰，亦可能推動伺服設備從遠端移至接近使用者近端，甚至可能與區域性電信機房整合，改變現今通訊產業的服務架構。

對 CPU、GPU 等主要元件供應商則是優劣參半。優勢在於遊戲串流服務平台將擴大資料中心採用傳統 CPU 的數量，有助於其出貨成長；而近年來 AI 運算需求已將 GPU 帶入資料中心伺服設備之中，倘若遊戲串流服務得以擴大成長，亦將強化資料中心用 GPU 的發展趨勢。然而相對來看，不論是 CPU 或 GPU 供應商都可能因此受制於 Google 等大型資料中心業者，反而相對降低對終端使用者的影響力。

此外，由於遊戲串流服務瞄準達到 4K/60fps 效能，相對恐犧牲光影渲染和遠景生成等其他效能，但可成為未來單機主打特色。尤其在 NVIDIA 逐漸將其 RTX 技術下放到多樣 GPU 版本中，並積極與遊戲開發商合作，AMD 亦強化其光線追蹤技術，可望助益個人電腦或遊戲主機的特色功能，但仍否吸引主流遊戲玩家仍需審慎看待。

而對遊戲裝置業者來說，如遊戲用個人電腦及遊戲主機，衝擊將更直接且逐漸擴大。預期遊戲串流服務平台成熟，逐漸吸引輕度、中度遊戲玩家族群採用之後，勢必降低玩家後續的換機意願。尤其遊戲串流服務率先於超高頻寬成熟市場推出，與遊戲裝置之主要消費族群高度重疊，雖不至於在短期內出現較大效應但恐造成市場排擠效應。因此對遊戲裝置廠商或其相關元件供應商而言，都是不容忽視的中長期發展問題。

（三）結論

1. 串流服務成熟端賴時機，不容服務平台業者忽視

在前端頻寬不足的外部環境限制之下，遊戲串流服務有可能在短期內仍將淪為雷聲大、雨勢小之窘境，但中長期來看將是全球服務平台業者不容放棄之關鍵要津。如 Netflix 之壯大，原先也是因全球網路頻寬環境不充裕、普及而被忽視，如今卻引領影視娛樂服務變革，吸引原有影音巨擘 HBO 和科技大廠 Google、Apple 等試圖加入競爭。

再者，如同 App Store 和 Google Play 等服務平台成為行動遊戲市場的最大贏家，若能成為全球最大之跨裝置串流遊戲服務平台業者，將得以在遊戲開發商和遊戲玩家取得不可取代的地位和可觀的流量利潤，將現有千億美元市場納入服務版圖之中。

而對遊戲開發商來說，由於 Sony PS Plus 和 Microsoft Xbox Game Pass 等訂閱式服務已成氣候，不論是配合採取線上銷售、數位擁有的產品模式或視使用者遊戲時間的訂閱模式，料將對內容供應商來說不會出現太大衝擊。

因此，對服務平台業者有益而內容供應商亦有意願合作，遊戲串流服務市場成熟與否端賴外部環境時機而定，不容跨國服務平台業者忽略不顧。

2. 消費娛樂市場走向融合，裝置使用差異將逐漸弭平

再者，隨著消費者使用模式多元化且彈性多變，遊戲開發商亦已試圖開發跨平台遊戲而其智財內容運用最大化。因此，除了簽訂主機獨占模式之數位遊戲以外，多數皆可提供 PS4、Xbox 和 PC 等多平台版本，並透過自製、外包或授權模式開發行動版本，並試圖降低不同裝置的遊玩差異，以接觸最大數量的遊戲玩家族群。

Nintendo 則推出 Switch 跨界產品，混淆了遊戲主機和行動遊戲機的使用概念，亦顯示主機供應商試圖說服消費者採用單一使用模式，來滿足家用和行動的遊玩需求。由此可見，遊戲串流服務模式實

是呼應遊戲玩家的使用趨勢變化，試圖瞄準對主機規格差異不甚在意且希望隨時隨地遊玩的輕中度玩家。

其實，在行動遊戲市場規模幾占全球四成比重，且成長幅度較高的發展趨勢之下，或可藉由遊戲串流服務同時滿足行動與在家遊戲族群，從中取得市占率與巨額利潤。

3. **消費產品走向服務化，刺激裝置和設備需求變革**

因此，就中長期來看，隨著個人電腦和智慧手機等主流產品的高度成熟，科技巨擘將發展趨勢導向跨裝置之服務平台或為大勢所趨亦是利之所趨。對臺灣相關產業而言，則可從服務網絡、伺服設備和終端硬體等三方加以分析、說明。

對服務網絡來說，遊戲串流將因龐大運算基礎建設而形成極大競爭門檻，尤其是遊戲串流等特定服務模式，恐需仰賴區域型資料中心始能就地服務，以避免過度使用骨幹或海纜頻寬。因此，科技業者巨資建置服務網絡或與當地電信業者結合，都是可能發展途徑，對於臺灣相關電信業者而言，亟需提前審思和海外平台之合作關係與商業模式。

就伺服設備來說，不論是建立一對一遊戲串流服務伺服系統或區域型資料中心，都將改變以往巨型資料中心，運用大量同質硬體建置叢集式運算之系統架構不同，亦不同於以 AI 運算為訴求的雲端架構。如何因應平台業者相關系統規格著手開發硬體設備，並能彈性視使用者規模成長速度配合建置，或將成為未來資訊產業之另一成長動能。

然而就終端硬體來看，由於服務平台弭平規格差異，恐將衝擊相關產品而出現兩極化發展方向：其一，是強調極致影音感受的高階遊戲玩家，恐無法從遊戲串流服務品質中獲得滿足，故將成為遊戲用旗艦產品之特定使用族群；其二，缺乏穩定高速頻寬環境的遊戲玩家仍只能仰賴遊戲用裝置，但人數恐將因超高頻寬日漸普及而逐步縮減。

4. 掌握資訊服務平台成關鍵，科技巨擘莫不深耕雲端平台

　　實則全球科技巨擘早已體認到數位服務將具有全球化、跨國的發展趨勢，因此莫不在全球各地廣為布建巨型資料中心作為全球性雲平台之營運基礎，如 Amazon AWS、Microsoft Azure 或 Google GCP 等雲端平台，率皆希望提供企業客戶一致、即時且彈性的服務功能，並將原有軟體社群開發能量納入轄下，如 Microsoft 併購 GitHub 或 IBM 併購 Red Hat 即是明顯實例。而 Azure 與 GCP 預期將遊戲串流服務納入其平台之中，成為遊戲開發商服務廣大玩家的載具、橋梁。

　　因此，我們除了可見電子大廠把未來成長目標放在可折疊的手機面板或其他熱門電子產品之際，同時也看到科技巨擘逐漸完善未來資訊科技應用的布局藍圖，建構其他競爭者難以企及的全球布局。尤其隨著多元資訊服務逐漸開展，將使企業客戶或使用者皆難以跳脫其間，僅能在科技巨擘之間做選擇。但換言之，也是因為不論在企業端或使用端，全球性雲平台所提供的跨載具服務能力，將可以大幅降低服務供應商的開發門檻，料將成為未來新興數位服務多元發展的重要基石。

第六章｜未來展望

一、全球資訊硬體市場展望

（一）全球資訊硬體市場未來展望總論

根據 IMF 研究調查，2020 年全球經濟成長率從 2020 年 1 月預估成長 3%調降至-3%，並坦言全球將可能面臨 1930 年代大蕭條後最慘的一年。雖然 2021 年全球經濟將反彈 5.8%，但 GDP 的規模仍將低於疫情前的水準。個別國家方面，IMF 預估美國 2020 年與 2021 年的經濟成長率為-5.9%及 4.7%；歐元區則是-7.5%及 4.7%；中國大陸 2020 年將維持正成長達 1.2%、2021 年則為 9.2%；日本則為-5.2%及 3%。

目前各國皆積極透過紓困試圖復甦經濟，經濟合作暨發展組織（Organization for Economic Cooperation and Development, OECD）提出了幾種方案：免除或暫緩雇主社會福利提撥負擔的稅務紓困，例如澳洲、荷蘭、美國等都已祭出類似措施；提供醫療前線人員租稅優惠或現金補貼，例如臺灣補助津貼給醫師每日 1 萬元、護理人員每班 1 萬元等；延長報稅繳稅期限，例如英國、德國、荷蘭、日本、大陸、馬來西亞、臺灣等國都已提供受影響的企業延後繳稅措施；加速退稅作業減少企業資金缺口壓力，例如印尼與泰國都已實施營業稅退稅加速計畫，臺灣也在研議放寬溢付營業稅額退稅規定；調整或延遲營所稅暫繳申報，藉此降低企業負擔；放寬盈虧互抵規定，例如新加坡與美國等皆已實施。

然而，OECD 警告疫情對經濟將可能造成長期性的衝擊，尤其是上述的紓困只能輔助而不能根治疫情的影響。另外，OECD 預估每一個月的嚴格防疫封鎖措施將使 GDP 下降 2%。加上疫情可能延續不只 2020 年，全球資訊硬體產業展望將比過往都來的更加保守。

（二）全球資訊硬體個別市場未來展望

1. 全球桌上型電腦市場未來展望

展望未來，估計 2020 年全球桌上型電腦出貨量約 8,397 萬台，相較 2019 年衰退 10.5%，受 COVID-19 疫情衝擊導致市場衰退的狀況明顯。AMD 在首季即推出 Radeon RX 5600 系列的顯示卡上市，包含 RX 5600M、RX 5700M、RX 5600 以及 RX 5600 XT，鎖定電競玩家。Intel 則將在 2020 年第二季將推出 Comet Lake-S 第十代桌機板處理器，新品效應可望成為推動桌機市場需求的有利因素。

值得注意的是，因 2020 年一開始即受到疫情的擾局，自農曆春節期間開始擴大，以及中國大陸各省陸續宣布封城的影響，對於供給與需求端業者均造成不小衝擊。所幸適逢春節期間大多業者多有庫存備料，故影響程度有限。需求端方面，疫情持續蔓延至全球，導致全球經濟不景氣的影響下，大幅降低終端市場的消費意願，不僅是一般消費者的消費力趨向保守，許多企業亦可能面臨破產危機，因而降低企業投資辦公設備的預算。整體而言，因疫情至今尚未明朗，下半年整體市場不確定性增加且能見度低，預估 2020 年全球消費力偏向保守。

2. 全球筆記型電腦市場未來展望

展望 2020 年全球筆記型電腦市場表現，1 月份美中雙方簽署第一階段貿易協定，正當全球經貿市場有望穩定之際，卻遭逢 COVID-19 疫情爆發，重創全球經濟表現。1 月 23 日武漢突然宣布封城，嚴峻的疫情使中國大陸農曆年後上工時間延遲，所幸 3 月各省份陸續復工，主要 PC 代工廠復工狀況大致良好，中小型零組件供應廠商復工較慢，但已漸入佳境。估計 COVID-19 疫情造成 2020 年第一季全球筆電出貨較去年同期衰退約一成。

中國大陸逐步復工之際，COVID-19 疫情向全球擴散，義大利、西班牙、德國、法國、英國、瑞士等國家自 3 月中旬後陸續實施全國性的封鎖措施，包含禁止非本國籍人民入境、關閉非必要的商店、禁止集會、停止上課……等。疫情重創全球經濟，但也出現遠距辦公、

遠距教學、居家娛樂等需求，筆電業者因此受惠，第二季出貨出現反彈。

COVID-19疫情持續影響民眾日常生活，第二季筆電以商用急單最多，相較於2019年，出貨量YoY大幅成長兩成以上。下半年商用採購需求稍微緩和，但遠距教育和宅經濟發酵，持續拉抬筆電需求，估計2020年全球筆電出貨量有5~10%之漲幅。

3. 全球伺服器市場未來展望

人工智慧仍是驅動資料中心布建的核心引擎，面對語音分析與圖像辨識等非結構化資料（Unstructured Data）或半結構化資料（Semi-structured Data）挑戰，加上摩爾定律（Moore's law）正在失效，無法達成原本預期的每隔18個月誕生提高一倍效能的晶片。伺服器設計核心從傳統的通用處理器x86架構逐漸轉型到專用處理器，預估2020年轉型趨勢仍維持不變。由於AI持續拓展各個垂直產業應用場域，此舉將促使AI運算市場需求提高，進而推動AI伺服器出貨表現，其中繪圖處理器（GPU）、現場可程式化邏輯閘陣列（FPGA）、特殊應用積體電路（ASIC）伺服器將成為未來的發展重點。

2020年的疫情促使雲端應用呈現多元發展，促使資料中心持續投入擴建。由於疫情控制最有效的為隔離政策（Quarantine），在各國相繼施行後促使雲端需求持續提高，進而衍生出三個主要雲端應用情境：雲端串流遊戲、雲端遠距上班、雲端影音串流。例如：Amazon也投入雲端串流遊戲產業；遠距上班工具Zoom已經突破3億用戶；影音串流平台Netflix在2020年第一季新增1,580萬用戶，為原本預期的兩倍。

因疫情打開的雲端垂直應用，很可能會根本性的改變許多場域發展。此舉也給予資料中心大廠信心，持續擴建基礎設施，例如Amazon預估2020年資本支出將成長10~15%，而阿里巴巴宣布2023年前將在伺服器投資2,000億人民幣，並由旗下的阿里雲負責執行。長期而言，對於整體伺服器產業為一大助益。

疫情帶動雲端市場發展，進而提高伺服器市場需求，此趨勢已經越來越明朗，例如中國大陸政府積極降低人員接觸的前提下，雲端應用成為顯學，扎實地推動了各個產業的數位轉型，同時大量的遠端辦工也正浮現於各企業營運行程。「雲+產業」正加速滲透至中國大陸各行各業，也促使中國大陸資料中心擴建勢在必行，進而提高伺服器出貨表現。

4. 全球主機板市場未來展望

展望 2020 年，全球主機板出貨量約 8,861 萬片，恐受疫情所致衰退至約 12.3%。2020 年初開始因疫情持續擴散的影響下，造成中國大陸工廠大多延後開工，所幸疫情發生時間剛好遇到農曆春節期間，業者多有備料可做因應，因此在疫情影響最嚴重的 2 月份尚有庫存原料可做生產。各廠在中國大陸產線自 3 月份開始陸續復工，然因部分元件供應不及而影響製造排程，缺料不缺工的局面以記憶體的缺貨相對明顯。在需求端方面，受 2020 年全球經濟不景氣的影響，消費者購買力相對較低，預估 2020 年出貨數量衰退幅度將較以往更高。

新品方面，Intel 將於 2020 年第二季推出的桌機版本 Comet Lake-S 第十代處理器，此款採用 14 nm 製程、CPU 最高核心數由上一代的 8 核心提升至 10 核心，搭配 400 系列晶片組的主機板才能使用，以及接口由上一代的 LGA 1151 改為新的 LGA 1200 腳位設計，因此欲購買此款新品的消費者勢必要連同購買新的主機板，對於主機板業者來說亦帶來正面效應。AMD 則宣布發表入門款第三代 Ryzen 桌上型處理器系列新品 Ryzen 3 3300X／3100，預計在 2020 年第二季推出，此款採用台積電 7 nm 製程、擁有 4 核心 8 執行緒、支援 PCIe 4.0。與此同時，AMD 同步發表可以搭配 Ryzen 3000 系列的新一代 B550 晶片組，同樣採用 AM4 介面插座，預計於 2020 年中上市，鎖定商務使用者、電競玩家及專業創作者，為高階主機板市場帶來有利因子。整體而言，上半年受疫情衝擊造成的市場高度不確定性，下半年市場能見度低，2020 年消費力道恐趨於保守。

二、臺灣資訊硬體產業展望

(一) 臺灣資訊硬體產業未來展望總論

臺灣資訊硬體產品仍以筆記型電腦、桌上型電腦、伺服器、主機板為主。2020 年臺灣筆記型電腦之全球市占率預估將上升 0.8%至 80.8%、2020 年臺灣桌上型電腦之全球市占率預估將上升 0.6%至 53.7%、2020 年臺灣伺服器之全球市占率預估將上升 0.3%至 36%、2020 年臺灣主機板之全球市占率預估將上升 1.8%至 83%，顯現臺灣資訊硬體產業仍為全球供應鏈中關鍵的一環。

然而，從需求端來觀察，2020 年的疫情衝擊各國經濟活動的表現。從供給端來觀察，中國大陸與美國短期內難以修復關係，或將引發更多水平與垂直的產業鏈衝突，進而導致中國大陸自主化等。在需求端與供給端雙雙面臨衝擊的條件下，預估臺灣資訊硬體產業總產值將從 2019 年的 113,261 百萬美元，衰退 7.3%至 104,957 百萬美元。另一方面，樂觀預估疫情受到控制，加上 5G 等基礎設施的成熟，估計 2021 年臺灣資訊硬體產業總產值將提升 9.5%，達到 114,918 百萬美元，然而悲觀預估下成長幅度可能將因疫情而進一步受限。

(二) 臺灣資訊硬體個別產業未來展望

1. 臺灣桌上型電腦產業未來展望

展望 2020 年，估計臺灣桌上型電腦出貨量約 4,513 萬台，年成長率-9.4%。2020 年因 COVID-19 疫情的影響，存在諸多不確定性，上半年為傳統淡季，加上受到疫情衝擊，第二季開始上游業者陸續出現元件缺料情況，業者靠漲價策略的以量制價方式控制出貨量，致使成本增加，亦使臺灣業者調升產品售價。

美中貿易戰中美方已於 2019 年 12 月宣布美中第一階段協議已取得部分共識，不過在協議中仍保留美國對價值 2,500 億美元中國製產品的 25%關稅，包含桌機、主機板等懲罰性關稅皆尚未放寬，以及對於中國大陸政府企業補貼政策、強迫美商技術轉移等核心議題亦尚未解決，預計將於下半年的第二階段貿易協商中談判，因此可以想像第二階段談判過程的困難，企業勢必須對此次談判更加留意。臺灣

主要桌機代工業者包含鴻海、緯創、和碩、廣達等，製造工廠絕大多數位於中國大陸，美中貿易戰開打至今已促使臺灣業者檢視生產基地移轉的規劃布局，以採取可分散風險的因應措施。

2. 臺灣筆記型電腦產業未來展望

臺灣筆記型電腦產業以 OEM／ODM 形式為主，由於筆電所需零組件繁多、設計具一定複雜度，臺灣業者產線集中於四川、重慶、江蘇、上海等地，並在當地形成成熟的產業聚落。第一季中國大陸 COVID-19 疫情造成復工延遲，四川、江蘇與上海於 2 月 10 日陸續復工，重慶則是在 2 月 12 日開始復工。截至 3 月底，臺灣主要代工廠復工率約達 90%，估計疫情造成臺灣筆電第一季出貨量較去年同期減少近 10%。

COVID-19 疫情造成全球經濟衰退，但遠距辦公、遠距教學、居家娛樂的需求使臺灣筆電業者第二季出貨受惠，至於下半年的筆電需求，需視疫情控制與經濟復甦狀況而定，CPU 與 GPU 的新品效應與疫情相比，影響力相對較小。

觀察 2020 年 CPU 之發展，AMD 之筆電用 Ryzen 4000 系列和 Athlon 3000 系列 CPU，自 3 月份起隨筆電新品陸續上市；2 月發布的 Ryzen 9 4900H 和 4900HS 高階 CPU 適合電競、創作者應用。Intel 計劃於下半年推出 Tiger Lake CPU，採用 10 nm 製程，並且整合 Xe 顯示架構，欲和 AMD 7 nm CPU 較勁。

在筆電 CPU、GPU 效能與桌機越來越接近的狀況下，對桌機使用者改用筆電有一定吸引力，就連以往使用工作站的專業創作者，也有機會選用創作者筆電進行工作，因此未來筆電需求有微幅增長的機會，臺灣業者已著手強化利基型市場與商用市場布局，未來應思考 AI、5G 等新技術，在行動運算的應用可能性。

3. 臺灣伺服器產業未來展望

從供給端而言，臺灣伺服器代工產業的未來依中美貿易戰的結局而定。目前受到 2019 年的關稅影響，組裝地點已分散至各國，其中也包含了臺灣。由於中美雙方近期內難有和緩的可能性，預估臺灣

伺服器產業鏈勢必得更加分散風險。然而，癥結點在於上游的印刷電路板（PCB）由於製造流程眾多因素，難以脫離中國大陸為主要生產基地。這將帶給物流層面更多的挑戰，也成為了新的我國伺服器產業鏈上的成本。

從需求端而言，由於疫情促使遠距上班（WFH）風潮興起，ZOOM已突破3億用戶，並全面升級為AES 256位元GCM加密標準，避免隱私疑慮。然而既有的Microsoft Teams每日用戶數也已超過4,400萬，且持續拓展大規模的企業用戶市場。Google也迅速改版上架Meet，每日新增用戶200萬。除了既有大廠之外，字節跳動的飛書、阿里巴巴的釘釘、Facebook的Messenger Rooms也正積極搶占雲端遠距上班市場。

加上雲端串流遊戲帶動資料中心擴建，Google Stadia宣布免費藉此拓展客群，預估2020年會再上架120款遊戲。Microsoft Project xCloudy於2020年4月持續開放更多國家地區參與測試。NVIDIA GeForce Now則獲得Ubisoft、Epic、Bungie與Bandai Namco等遊戲發行商支持，預計2020年6月正式商轉。Amazon則正式投入數億美元開發旗下的Project Tempo平台。

此外，雲端影音串流方面，大廠Netflix統計2020年第一季總計新增1,580萬名用戶，是原本預期增長數的2倍，同時在全球累積達1億8,200萬名用戶人數。另一方面，主要競爭對手之一Disney+付費訂閱用戶數也突破5,000萬名。

上述種種利多讓2020年上半年伺服器產業的出貨大增。例如Intel資料中心部門營收2020年第一季年成長率42.7%，創下歷史新高。估計臺灣2020年伺服器系統及準系統出貨表現將較2019年成長3.9%，出貨約達4,479萬台。主機板出貨表現將較2019年成長2.5%，出貨約達5,341萬片。

4. **臺灣主機板產業未來展望**

展望2020年，臺灣主機板出貨量約7,359萬片，年成長率-10.2%。歷年來上半年為傳統淡季，加上受到疫情衝擊，第二季開始上游業者

陸續出現元件缺料情況，業者靠漲價策略的以量制價方式控制出貨量，致使成本增加亦使臺灣業者調升產品售價。主機板產業發展成熟，消費者對主機板的需求量已逐漸減少，主機板的主要供應來源已集中於大廠，留存的二線三線業者很少。臺灣一線主機板大廠包含鴻海、緯創等 PC 代工業者，訂單來源為 HP、Dell、聯想等大廠，主機板出貨量隨桌上型電腦需求波動；主機板自有品牌大廠則包含華碩、技嘉、微星等，主要關注重點在電競、創作者應用及 PC DIY 使用者，近年持續提高高階主機板的比重以提高毛利。

觀察全球經濟局勢，美中貿易戰後續發展仍為今年觀察重點，自 2019 年 5 月美方將關稅從 10%上調至 25%後，影響範圍包括桌機、主機板等產品的銷售毛利，以及產線移轉拉升的生產成本，間接衝擊產品銷售價格。所幸美方於 2019 年 12 月宣布美中第一階段協議已取得部分共識，不過在協議中仍保留美國對價值 2,500 億美元中國大陸製產品的 25%關稅，以及對於中國大陸政府企業補貼政策、強迫美商技術轉移等核心議題皆尚未解決，預計將於 2020 下半年的第二階段貿易協商中談判，因此可以想像第二階段談判過程的困難，企業勢必須對此次談判更加留意。整體來看，2020 年恐因全球經濟情勢不佳且無明顯誘因刺激購買力，估計主機板市場出貨數量衰退幅度將較以往更高。

至於 2020 年的疫情影響，受益於全球化趨勢，如個人電腦、行動電話等產品得以轉移至中國大陸等地生產，並隨著技術標準化而不斷強化生產規模及效率，進一步降低產品售價和提高在新興市場的滲透率，藉由如此正向循環而形成今日高科技產業面貌。但隨著 2018 年下半年開始的美中貿易戰以及隨後驟然迸發的美中科技戰，全球化產業局勢已經逐漸改變，並逐步讓中國大陸主動、或是被動擺脫世界工廠的產業地位，而中長期的產業走向卻恐怕會因為疫情發展惡化而加速。展望未來，全球化的產業面貌恐將因此波疫情發展而有新的局面，相關業者須提早因應準備。

附錄

一、範疇定義

（一）研究範疇

研究項目	研究範疇
資訊硬體產業	資訊硬體產業範疇，主要以資訊硬體產品及其產業為代表，涵蓋四大產品包括桌上型電腦、筆記型電腦（含迷你筆記型電腦）、伺服器、主機板等。
業務型態	臺灣資訊硬體產業產銷調查各產業業務型態包括下列幾種： ● ODM：製造商與客戶合作制定產品規格或依據客戶的規範自行進行產品設計，並於通過客戶認證與接單後進行生產或組裝活動 ● OEM：製造商依據客戶提供的產品規格與製造規範進行生產或組裝活動，不涉及客戶在產品概念、產品設計、品牌經營、銷售及後勤等價值鏈活動 ● OBM：製造商根據自己提出的產品概念進行設計、製造、品牌經營、銷售與後勤等活動
區域市場	本研究調查區域市場範圍如下： ● 北美（North America）：美國、加拿大 ● 西歐（West Europe）：奧地利、比利時、瑞士、法國、德國、希臘、義大利、葡萄牙、西班牙、英國、愛爾蘭、荷蘭、丹麥、瑞典、挪威、芬蘭 ● 亞洲（Asia & Pacific）：日本、中國大陸、不丹、印度、錫金、越南、北韓、泰國、菲律賓、新加坡、尼泊爾、孟加拉、馬來西亞、斯里蘭卡、印度尼西亞 ● 其他地區：中南美洲、除西歐之外歐洲其他國家、大洋洲、非洲、中東

（二）產品定義

研究項目	產品定義
桌上型電腦 （Desktop PC）	桌上型電腦係指個人電腦類型之一，研究範圍包括Tower or Desktop、Slim type和AIO PC三類。桌上型電腦的產品出貨型態可區分為全系統和準系統，全系統係指裝置CPU，加上HDD、CD-ROM、DRAM等關鍵零組件，並且安裝作業系統，整機測試等。準系統係指半系統加上主機板或裝置輸入、輸出等元件。另全系統的產值統計僅計算電腦系統本體，不計入液晶監視器與相關周邊如鍵盤、滑鼠等部分。但一體成形式桌上型電腦由於採All-in-One設計，因此將面板價值亦納入統計
筆記型電腦 （Notebook PC）	筆記型電腦為個人電腦之一種形式，相對於桌上型電腦，其係指具可移動特性，且在機構設計上多呈書本開闔型態之個人電腦，研究範圍為螢幕尺寸為7吋以上（包含10.4吋）之筆記型電腦。產品出貨型態可區分為全系統和準系統，全系統係指可直接開機使用之產品。準系統係指完成度高於主機板，但仍缺CPU、HDD或LCD Display等任一關鍵零組件以上之產品
伺服器 （Server）	伺服器係指於製造、行銷及銷售時就已限定作為網路伺服用途之電腦系統，並可在標準的網路作業系統（如Unix、Windows及Linux等）之下運作。伺服器的產品出貨型態可區分為全系統和準系統，全系統係指已安裝主機板、CPU、記憶體、硬碟，可直接開機之伺服器產品。準系統係指不包含CPU、記憶體、硬碟，但已安裝主機板，並可安裝光碟機之伺服器產品。
主機板 （Mother Board）	主機板係指應用於桌上型電腦，且其出貨時多半不含CPU或是DRAM之出貨形式，然亦出現少量將CPU或DRAM直接焊接於印刷電路板上之產品，其運作方式與一般主機板相同，因此這類主機板亦列入研究範疇

二、資訊硬體產業重要大事紀

時間	重大事件
2019 年 1 月	▪ 福特、福斯成立全球聯盟　考慮電動車合作計畫 ▪ Spotify 與 T-Series 簽授權協議　搬開進軍印度大石 ▪ Bixby 即將登陸穿戴裝置　三星或推運動智慧錶
2019 年 2 月	▪ Google 擬在美國各地資料中心、辦公室投入 130 億美元 ▪ DTS 與 IMAX 合作 IMAX ENHANCED 計劃發威 ▪ Facebook 人工智慧高層宣示自家 AI 晶片與智慧語音助理計畫
2019 年 3 月	▪ 英特爾、微軟等業者共創 CXL 標準　為資料中心電腦建立超快速連結 ▪ NVIDIA 斥資 69 億美元購併 Mellanox ▪ Google 助理全面導入智慧螢幕裝置　Lenovo、JBL、LG 都入列
2019 年 4 月	▪ 蘋果及其代工廠向高通要求 270 億美元賠償 ▪ 福斯擬結盟 SKI 等業者　籌組類 Gigafactory 電動車電池聯盟 ▪ Google+不死重生　成企業專屬服務
2019 年 5 月	▪ 微軟推出自主機器人開發平台　催生實際應用 ▪ 三星進駐加拿大 Mila 研究所　投入次世代 AI 晶片研發 ▪ 華為擬在英國劍橋近郊設晶片研發中心
2019 年 6 月	▪ NVIDIA 結盟安謀揮軍超級電腦　正面迎戰英特爾、超微 x86 陣營 ▪ 三星宣布擴編 10 倍人力　全力培育自家 NPU 技術實力 ▪ 德國將提撥 10 億歐元贊助 3 個車用電池聯盟
2019 年 7 月	▪ 高通針對電競應用推出新款 Snapdragon 855 Plus 平台 ▪ 小米收購芯原微電子 6%股權　盼擁自家晶片設計能力 ▪ T-Mobile 與高通、愛立信　完成低頻譜 5G 網路測試
2019 年 8 月	▪ 日韓貿易戰升溫　南韓宣布日本不再享有出口優待 ▪ SK 海力士搭超微順風車　合作開發 SSD 與 DRAM 模組產品 ▪ 英特爾推出首款第 10 代 Intel Core 處理器
2019 年 9 月	▪ 中國電信和中國聯通強強聯手　將合建 5G 網路 ▪ 美國將於 2020 年進行首次 5G 中頻競標 ▪ Facebook 也做電視盒　看電視還能視訊通話

時間	重大事件
2019 年 10 月	<ul><li>蘋果衝刺 Apple Arcade　線上商店上架 Xbox 無線控制器</li><li>Panasonic 與豐田合推 Level 4 概念車　搭載自動停車系統</li><li>三星晶圓代工傳將首度生產 RISC-V 架構晶片</li></ul>
2019 年 11 月	<ul><li>傳美方要求南韓勿使用華為 5G 設備　否則不分享軍事機密</li><li>日廠加快腳步　最快 2020 年初推低功耗深度學習專用 AI 晶片</li><li>Tesla 電動皮卡 Cybertruck 後年底投產</li></ul>
2019 年 12 月	<ul><li>微軟新 Xbox 首亮相　具備多遊戲切換功能</li><li>挪威最大電信商棄用華為　5G 選擇愛立信設備</li><li>亞馬遜自研晶片　有利雲端運算採用 ARM 架構</li></ul>

三、中英文專有名詞縮語／略語對照表

英文縮寫	英文全名	中文名稱
AIO PC	All-in-One PC	一體成型電腦
AMD	Advanced Micro Devices	超微半導體
AMOLED	Active-Matrix Organic Light-Emitting Diode	主動矩陣有機發光二極體
ASP	Average Selling Price	平均銷售單價
CMOS	Complementary Metal-Oxide-Semiconductor	互補式金屬氧化物半導體
CPU	Central Processing Unit	中央處理器
DRAM	Dynamic Random Access Memory	動態隨機存取存儲器
DSLR	Digital Single Lens Reflex Camera	數位單眼相機
EIU	Economist Intelligence Unit	英國經濟學人智庫
EMS	Electronic Manufacturing Service	電子製造服務
GDP	Gross Domestic Product	國內生產毛額
GNP	Gross National Product	國民生產毛額
GPS	Global Positioning System	全球衛星定位系統
IGZO	Indium Gallium Zinc Oxide	氧化銦鎵鋅
IMF	International Monetary Fund	國際貨幣基金組織
IT	Information Technology	資訊科技
ITIS	Industry & Technology Intelligence Service	產業技術知識服務計畫
LCD	Liquid Crystal Display	液晶顯示器
LTE	Long Term Evolution	長期演進技術
LTPS	Low Temperature Poly-Silicon	低溫多晶矽液晶顯示器
M1B	Monetary Aggregate M1B	貨幣總計數 M1B
M2	Monetary Aggregate M2	貨幣總計數 M2
MILC	Mirrorless Interchangeable Lens Camera	無反光鏡可換鏡頭相機
NFC	Near Field Communication	近距離無線通訊
OBM	Original Brand Manufacturing	自有品牌
ODM	Original Design Manufacturing	原廠設計製造商
OEM	Original Equipment Manufacturing	原廠設備製造商

英文縮寫	英文全名	中文名稱
OECD	Organization for Economic Cooperation and Development，	經濟合作暨發展組織
PC	Personal Computer	個人電腦
TDP	Thermal Design Power	散熱設計功率
WB	World Bank	世界銀行

四、參考資料

（一）參考文獻

1. 2019資訊硬體產業年鑑，經濟部技術處，2019年

（二）其他相關網址

1. 國際貨幣基金組織，https://www.imf.org/external/index.htm
2. 經濟學人智庫，https://www.eiu.com/n/
3. 行政院主計總處，https://www.dgbas.gov.tw/
4. 經濟部統計處，https://www.moea.gov.tw/
5. 財政部統計處，https://www.mof.gov.tw/
6. 經濟部投資審議委員會，https://www.moeaic.gov.tw/
7. 中央銀行，https://www.cbc.gov.tw/
8. Microsoft，https://www.microsoft.com/
9. Google，https://www.google.com/
10. NVIDIA，https://www.nvidia.com/
11. Intel，https://www.intel.com.tw/
12. Dell，https://www.dell.com.tw/
13. 聯想，https://www.lenovo.com/
14. 華為，https://consumer.huawei.com/
15. 研華，http://www.advantech.tw/
16. 凌華，https://www.adlinktech.com/

國家圖書館出版品預行編目資料

資訊硬體產業年鑑. 2020 / 許桂芬等作. -- 初版. -- 臺北市：資策會產研所, 民109.09　　面；　　公分
ISBN 978-957-581-802-9(平裝)

1.電腦資訊業 2.年鑑

484.67058　　　　　　　　　　　　　　　　　　　　　　　109011698

書　　名：2020資訊硬體產業年鑑
發 行 人：經濟部技術處
　　　　　台北市福州街15號
　　　　　http://www.moea.gov.tw
　　　　　02-23212200
出版單位：財團法人資訊工業策進會產業情報研究所（MIC）
地　　址：台北市敦化南路二段216號19樓
網　　址：http://mic.iii.org.tw
電　　話：(02)2735-6070
編　　者：2020資訊硬體產業年鑑編纂小組
作　　者：許桂芬、龔存宇、黃家怡、徐文華、林巧珍、潘建光、施柏榮
其他類型版本說明：本書同時登載於ITIS智網網站，網址為 http://www.itis.org.tw
出版日期：中華民國109年9月
版　　次：初版
劃撥帳號：0167711-2『財團法人資訊工業策進會』
售　　價：電子檔－新台幣6,000元整；紙本－新台幣6,000元
展售處：ITIS出版品銷售中心/台北市八德路三段2號5樓/02-25762008／http://books.tca.org.tw
ISBN：978-957-581-802-9
著作權利管理資訊：財團法人資訊工業策進會產業情報研究所（MIC）保有所有權利。欲利用本書全部或部分內容者，須徵求出版單位同意或書面授權。
聯絡資訊： ITIS智網會員服務專線 (02)2732-6517

著作權所有，請勿翻印，轉載或引用需經本單位同意

Information Industry Yearbook 2020

Compiled by：Kuei-Fen Hsu, Tsun-Yu Kung, Chia-I Huang, Wen-Hua Hsu, Chiao-Chen Lin, Chien-Kuang Pan, Po-Jung Shih

Published in September 2020 by the Market Intelligence & Consulting Institute.（MIC）, Institute for Information Industry

Address : 19F., No.216, Sec. 2, Dunhua S. Rd., Taipei City 106, Taiwan, R.O.C.

Web Site : http://mic.iii.org.tw

Tel：（02）2735-6070

Publication authorized by the Department of Industrial Technology, Ministry of Economic Affairs

First edition

Account No.: 0167711-2（Institute for Information Industry）

Price : NT$6,000

Retail Center : Taipei Computer Association

        Web Site : http://books.tca.org.tw

        Address : 5F., No. 2, Sec. 3, Bade Rd., Taipei City 105, Taiwan, R.O.C.

        Tel：（02）2576-2008

All rights reserved. Reproduction of this publication without prior written permission is forbidden.

ISBN：978-957-581-802-9